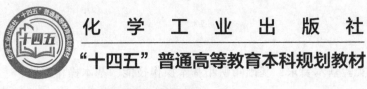

化 学 工 业 出 版 社

"十四五"普通高等教育本科规划教材

供药学类专业使用

有机化学实验

YOUJI HUAXUE SHIYAN

安琳 郭栋 主编

化学工业出版社

·北京·

内容简介

《有机化学实验》主要包含实验基本要求、基础知识和基本操作技能、基本操作实验、基础有机合成实验、创新性实验以及有机化合物的性质实验共六个部分。其中，在基础知识和基本操作技能部分增加了现代大型仪器及操作方法，简要介绍了有机化学文献查阅方法；创新性实验部分细分为绿色合成、综合性和设计性实验，旨在开拓学生视野，锻炼学生查阅文献、总结、归纳、推理等能力；更注重跨学科的实验内容安排，如将有机化学与药物合成，天然产物的提取、分离和波谱分析等结合起来，加强药学专业基础课和专业课的内在联系。

《有机化学实验》可作为高等学校药学类专业的有机化学实验教材，各高校可根据实际教学需求，选取相应实验内容开展有机化学实验教学。

图书在版编目（CIP）数据

有机化学实验 / 安琳，郭栋主编. — 北京：化学
工业出版社，2024.3
化学工业出版社"十四五"普通高等教育本科规划教
材
　ISBN 978-7-122-44638-1

Ⅰ. ①有…　Ⅱ. ①安…　②郭…　Ⅲ. ①有机化学-化
学实验-高等学校-教材　Ⅳ. ①O62-33

中国国家版本馆 CIP 数据核字（2024）第 000095 号

责任编辑：褚红喜	文字编辑：孙钦炜
责任校对：李　爽	装帧设计：刘丽华

出版发行：化学工业出版社
　　　　　（北京市东城区青年湖南街 13 号　邮政编码 100011）
印　　装：北京印刷集团有限责任公司
787mm×1092mm　1/16　印张 8¾　字数 204 千字
2024 年 4 月北京第 1 版第 1 次印刷

购书咨询：010-64518888　　　　售后服务：010-64518899
网　　址：http://www.cip.com.cn
凡购买本书，如有缺损质量问题，本社销售中心负责调换。

定　　价：30.00 元　　　　　　　版权所有　违者必究

有机化学实验

（供药学类专业使用）

主　编　安　琳　郭　栋

副主编　李玉玲　朱　旭　薛运生

编　者（以姓氏笔画为序）

王桂荣（徐州医科大学）

朱　旭（徐州医科大学）

刘　玲（徐州医科大学）

刘宏丽（徐州医科大学）

安　琳（徐州医科大学）

牟　杰（徐州医科大学）

李玉玲（江苏师范大学）

张　玲（徐州医科大学）

郭　栋（徐州医科大学）

黄　樱（扬州大学）

黄统辉（徐州医科大学）

曹旭东（徐州医科大学）

廉淑芹（徐州医科大学）

薛运生（徐州医科大学）

前言

有机化学作为药学专业基础课程，其相关实践课程为培养学生的基本操作能力发挥了重要的作用。然而传统的有机化学实验在内容设置上基于培养学生综合能力和创新能力的综合性、设计性合成实验所占比例过少，且与药物化学、天然药物化学、药物分析等药学学科专业课的交叉性实验涉及较少，学科知识难以相互渗透。随着当代科学技术日新月异的发展，有机化学实验教学应着眼于既要训练好学生的基本操作，又要培养好学生科学的实验思维和创新能力。因此，我们在有机化学实验教材编写中力求将基本操作和综合性创新性实验，经典合成和合成新方法，有机化学与药学类相关学科知识等融会贯通。

本教材纸质版内容包含实验基本要求、基础知识和基本操作技能、基本操作实验、基础有机合成实验、创新性实验以及有机化合物的性质实验，共六个部分。其主要特点是：（1）在基础知识和基本操作技能章节增加了现代大型仪器及操作方法，有机化学文献查阅方法，使学生具备基本的科学研究素养。（2）将创新性实验划分为绿色合成、综合性和设计性实验部分，绿色合成部分选择了光、声辅助合成新技术及水相合成方法；综合性实验不仅强调多种基本操作的结合，更注重跨学科的实验内容安排，如将有机化学与药物合成、药物分析和仪器分析等有机结合，加强了药学类专业基础课和专业课的内在联系，避免了基础、专业实验内容脱节及不必要的重复；设计性实验围绕着原料、反应条件、实验方法等进行设计，可锻炼学生查阅文献、归纳、总结、推理等能力，从中受到科学的训练。本教材还将配套课件、基本技能微视频、实验安全考试等数字资源与纸质版教材融合，以促进学生自主学习，便于教师开展个性化教学。

本教材在选材和教材内容的组织方面，注意将培养学生的分析问题的能力、动手能力、良好的实验习惯等贯穿全书。要求学生实事求是，以科学的态度和严谨的作风进行实验，培养科学的思维能力和创新能力，为创新型药学类人才的培养打下了坚实的基础。本书共列35个独立实验（不包括性质实验），使用时可根据课程要求进行选择。

编者希望通过本书的编写，进一步深化有机化学实验教学改革，但水平有限，如有不足之处，敬请谅解。

编者
2024 年 1 月

目录

第一章

实验基本要求

一、化学实验的目的与任务

有机化学实验是药学类学科有机化学教学的重要组成部分。作为实践性教学环节，其主要内容包括有机化学实验基本要求、基本操作和实验技术、有机化合物的制备、创新性实验及有机化合物的性质实验。通过本课程的教学，学生能够掌握熔点测定、蒸馏及沸点测定、分馏、萃取、重结晶、回流等基本操作技能和方法；能根据实验要求准确选择仪器、安装实验装置和自主设计实验路线；能应用理论知识解决实验中出现的问题；熟悉应用基本有机化学反应来合成各类有机化合物。

有机化学实验是药学类专业的专业基础课，在药学本科教学中占有十分重要的地位。本课程的任务不仅是验证、巩固和加深理论性教学所学到的基础理论知识，更重要的是培养学生的实验操作能力、分析问题和解决问题的能力，养成严肃认真、实事求是的科学态度和严谨的工作作风，从而使学生在科学方法上得到初步的训练。

二、实验室基本规则与安全

（一）有机化学实验基本规则

为使有机化学实验有条不紊、安全地进行，必须遵循以下规则：

（1）进入实验区域须全程穿实验服，上课期间应保持室内安静，严禁喧哗、玩手机等电子产品。

（2）熟悉防护设施，如灭火器材、喷淋设施及急救药箱的放置地点和使用方法。**做好实验的预习工作**，了解所用药品的危害性及安全操作方法，严格按操作规程操作实验仪器和设备，若出现问题应立即停止使用。

（3）实验前，认真清点、检查玻璃仪器；实验中，安全合理地使用玻璃仪器；实验后，洗净并妥善保管玻璃仪器，尤其应学会玻璃仪器的洗涤方法。

（4）实验药品使用前，应仔细阅读药品标签，按需取用，避免浪费；取完药品后要迅速盖上瓶塞，避免搞错瓶塞，污染药品。公用仪器、原料、试剂和工具应在指定的地点使用，用后立即放回原处。严格控制原料、试剂的用量。实验过程中出现**仪器破损应及时处理并向实验管理人员报损**。

（5）实验时应保持安静，精神要集中，操作要认真，并要如实做好实验记录；遵从教师的指导，**实验中途不得擅自离开实验室**，严格按照操作步骤进行实验，不得无故丢弃实验药品、重复实验操作。学生若有新的见解或建议，如要改变实验步骤或试剂用量等，需先征得教师同意然后再实施。如果发生意外事故，应立即报告教师及时处理。

（6）实验时，要保持实验室和桌面的清洁，认真操作，遵守纪律，严格按照实验中所规定的步骤、试剂规格及用量来进行。实验中的各类固体废物和液体废物应分别放入指定的废物收集器中。

（7）实验完毕要做好实验台面的清洁工作，值日学生应将实验室内全部清洁，将实验器材、试剂整齐摆放到指定位置，并检查水、电是否安全，经实验技术员老师检查合格，方能离开实验室。

（8）严禁在实验室内喝水、吃东西。饮食用具不得带进实验室相关区域，以防毒物污染，离开实验室及饭前要洗净双手。

（二）有机化学实验废物的处理

（1）实验废物须按固体、液体及酸性、碱性等分类方法收集于不同的回收容器中，分类处置。

（2）滤纸、称量纸及常规无机干燥剂如硫酸镁、氯化钙等可直接倒入垃圾桶中，破损玻璃仪器须单独存放。

（3）对能与水发生剧烈反应的化学药品，如金属钠、钾等处理之前要用适当的方法在通风橱内进行分解。

（4）对可能致癌的化学品，处理时应避免与皮肤直接接触。

（三）实验室事故预防

有机化学实验操作要使用相对较多的玻璃仪器、实验试剂和电器设备等，实验试剂往往具有易燃、易爆、易挥发、易腐蚀、毒性高等特点，玻璃仪器使用不当亦可发生意外事故。因此，在进入有机化学实验室前要学会预防常见实验室事故的方法。

1. 火灾的预防

（1）尽量防止或减少易燃气体外逸，**易燃试剂不得在敞口容器内加热**；注意室内通风；加热时**严禁使用明火**。

（2）易燃溶剂不得倒入废液缸内，与水有剧烈反应的药品不得直接倒入水槽中。

（3）使用酒精灯时应用火柴引火，不可用另一个酒精灯的火焰直接引火。

（4）用油浴加热蒸馏或回流时，切勿使冷凝水溅入热油浴，以免油外溅到热源而起火。

（5）实验室放置、使用的气瓶要定期进行安全检查，防止因气阀漏气等造成安全事故。

2. 爆炸事故的预防

（1）进行常压蒸馏操作或回流操作时切勿在密闭系统内进行，实验过程中要经常注意仪器装置的各部分有无堵塞现象。

（2）减压蒸馏时不得使用锥形瓶、平底烧瓶、薄壁玻璃仪器等机械强度不大的仪器，用于减压蒸馏的玻璃仪器不要有破损，因此使用前应仔细检查仪器有无破损和裂缝。

（3）使用易燃易爆的气体如氢气、乙炔等时，应保持室内空气流通，严禁明火。

（4）对易爆炸固体如金属叠氮化物、三硝基甲苯，不能重压或撞击，以免引起爆炸。

（5）避免金属钠与水、卤代烷直接接触，以免因剧烈反应而发生爆炸。

3. 中毒事故的预防

（1）有毒试剂须妥善保管。使用有毒物品应严格遵守各项操作规程。实验后有毒残渣需及时按要求处理，不许乱放或随意丢弃。

（2）有些有毒物质会渗入皮肤，因此使用时必须戴乳胶或丁腈手套，操作后应立即洗手。切勿让有毒化学物质触及伤口及皮肤表面。

（3）反应过程中有可能产生有毒气体或液体的实验须在通风橱中进行。产生的毒气可采用气体吸收装置除去。

（4）对沾染过有毒物质的仪器和用具，用毕后应立即妥善处理。

4. 触电事故的预防

（1）电器装置与设备的金属外壳应与地线连接，使用前应先检查其外壳是否漏电。

（2）使用电器时，不得用湿手接触，避免因人体与电器导电部分直接接触而触电。

（3）电器设备用毕后应立即拔去电源，以防发生事故。

5. 玻璃割伤和药品灼伤的预防

（1）玻璃切割后的断面应在火上烧熔，以消除棱角；将玻璃管（棒）或温度计插入塞中时，应先检查玻璃接触面是否光滑，在安装时可涂少量润滑剂，缓慢旋转插入；握玻璃管（棒）或温度计的手应靠近塞子，防止玻璃管折断而割伤皮肤。

（2）实验时要避免接触高温的物体、火焰、蒸气和低温的液氮等；避免皮肤直接接触强酸、强碱、溴等易灼伤皮肤的物质；取用腐蚀性化学药品时，应戴上橡皮手套和防护眼镜。

（四）实验室事故处理

1. 火灾处理

发生火灾，应**沉着、镇静，及时**地采取措施，以防事故扩大。首先应切断电源和煤气，移去易燃易爆试剂，再根据易燃物的种类和火势选用灭火器、石棉网、水、湿抹布或黄沙覆盖火源。

实验室常用的灭火器有：①干粉灭火器，主要用于扑灭由石油产品、油漆、有机溶剂等引发的火灾，也可用于扑灭液体、气体、电器火灾等；②二氧化碳灭火器，适用于油脂、电器及其他较贵重电器设备着火时使用，使用灭火器时应从火焰周围向火焰中心扑灭；③泡沫灭火器，因灭火液体易导电引发触电事故，故不适用于电器灭火，只有火焰大时才使用；④四氯化碳灭火器，用以扑灭电器或电器附近的火，但因四氯化碳在高温下会生成剧毒的光气，不能在狭小和通风不良的实验室中应用。

水一般不能在油浴和有机溶剂着火时使用，因为有机物多数比水轻，泼水后反而会使火势蔓延；衣服着火时切勿奔跑，可打开自来水龙头用大量水冲淋熄灭火。

金属钠、钾、镁、铝粉、电石、过氧化钠着火，应用干沙灭火。

地面或桌面着火，如火势不大可用淋湿的抹布来灭火；反应瓶内有机物着火，可用石棉板盖住瓶口，火即熄灭。

2. 中毒处理

在化学实验室，会接触到甲醛、氯仿、甲苯、汞等有毒试剂。这些药品一般具有强刺激性或强腐蚀性，可通过皮肤、呼吸道或消化道进入人体而发生中毒现象。吸入汞蒸气会引起慢性中毒，实验中若发现有头晕、头痛等中毒症状，应立即转移到空气新鲜的地方休息，最好平卧；如出现斑点、头昏、呕吐、瞳孔放大等严重情况应立即送医院。

3. 化学灼伤处理

实验中发生灼伤时，要根据不同情况分别采取不同的处理方法。

强酸、强碱和溴等化学药品灼伤时，应立即抹去大部分酸或碱，并用大量水冲洗，再用如下方法处理。

酸灼伤：眼睛灼伤用 1% $NaHCO_3$ 溶液清洗；皮肤灼伤用 5% $NaHCO_3$ 溶液清洗。

碱灼伤：眼睛灼伤用 1% 硼酸溶液清洗；皮肤灼伤用 1%～2% 醋酸溶液清洗。

溴灼伤：立即用 2% 硫代硫酸钠溶液洗至伤处呈白色，再涂上甘油，或敷上烫伤膏。

灼伤较严重者经急救后速去医院治疗。

4. 割伤和烫伤处理

在玻璃仪器的使用和玻璃工操作中，常因操作不当而发生割伤和烫伤现象。若发生此类问题，可用如下方法处理。

割伤：如伤口有玻璃片，要先将其取出，再用蒸馏水或过氧化氢清洗伤口，涂上红药水，再用纱布包扎；若伤口严重，应在伤口上方用纱布扎紧，急送医院。

烫伤：轻者涂烫伤膏，重者涂烫伤膏后立即送医院治疗。

5. 实验室常备急救用品

75% 卫生酒精棉球、碘酒、创可贴、正红花油、烫伤膏、硼酸溶液、硫代硫酸钠溶液（2%）、医用镊子、剪刀、纱布、绷带等。

三、危险化学品的使用和贮藏

（一）化学试剂的规格

常用化学试剂根据其纯度不同分成不同等级。我国生产的试剂一般分为四种级别：

（1）一级品（优级纯，GR）　用于基准物质，主要用于精密的科学研究和分析鉴定，其瓶签颜色为绿色。

（2）二级品（分析纯，AR）　主要用于一般的科学研究和分析鉴定，其瓶签颜色为红色。

（3）三级品（化学纯，CP）　用于要求较高的有机和无机化学实验，也用于要求较低的分析实验，其瓶签颜色为蓝色。

（4）四级品（实验试剂，LR）　主要用于普通实验，也可用于要求较高的工业生产，其瓶签颜色为棕色、黄色或其他颜色。

（二）危险化学药品的使用及贮藏

在化学实验过程中，常使用易燃、易爆或有毒药品，为防止事故的发生，必须正确加以使用和贮藏，并建立严格的管理制度。贮藏化学试剂，应注意安全，要防火、防水、防挥发、防曝光、防变质。有机试剂和无机试剂应分开存放。危险性试剂要分类分别存放，严格管理。

1. 易燃化学药品的使用及贮藏

实验室内不能存放大量易燃溶剂，少量保管也应放在阴凉、背光和通风位置，且应远离火源。可燃性溶剂均不能直火加热，必须用水浴、油浴或可调节电压的电热套加热，且加热时应接上必要的冷凝装置，防止溶剂挥发。化学废液要用适当的容器盛放存装、定点保存，分类收集，不得随意倒入下水道。常见的易燃化学药品有：

（1）可燃气体　如氢气、硫化氢、甲烷、氨、乙胺、乙烯、氧气、乙炔等。

（2）易燃液体　一级易燃液体，如丙酮、乙醚、汽油、环氧丙烷、环氧乙烷；二级易燃液体，如甲醇、乙醇、吡啶、甲苯、二甲苯等；三级易燃液体，如柴油、煤油、松节油。

（3）易燃固体　红磷、硫黄、镁粉、硝化纤维素、樟脑等。这些固体物质着火点都很低，遇火易燃烧，应贮藏在阴凉干燥通风处。

（4）自燃物质　白磷露置空气中即能自燃，在暗处产生蓝绿色磷光和白色烟雾。在湿空气中约 30 ℃着火，在干燥空气中约 40 ℃着火。因此，白磷必须保存在盛水的玻璃瓶中，并于避光阴凉处放置。白磷取出后应立即使用，不得在空气中久置，用后应仔细检查、收集洒在桌面或地面的残渣。

2. 易爆炸化学药品的使用及贮藏

一般说来，易爆炸物质的组成中，大多含有以下基团：

—O—O—	臭氧、过氧化物	—O—Cl	氯酸盐、高氯酸盐
=N—Cl	氮的氯化物	—N=O	亚硝基化合物
—N=N—	重氮或叠氮化合物	—N=C	雷酸盐
—NO$_2$	硝基化合物	—C=C—	乙炔化合物（乙炔金属盐）

金属钠、钾遇水引起爆炸，高锰酸钾、硝酸铅遇高温或与酸作用，能产生氧气助燃和引起爆炸。存贮这类物质，绝不能和还原性物质或可燃性物质放在一起，应贮存在阴凉、通风处。

乙醚因受光或氧的影响，久置易被氧化成过氧化物。过氧乙醚不稳定，加热易爆炸，因此乙醚应避光保存。蒸馏乙醚时不能蒸干。此外，若乙醚放置时间过久，使用前应注意检查和除去过氧化物。

3. 强腐蚀性化学药品的使用及贮藏

浓酸、液溴、苯酚和甲酸等强腐蚀性化学药品应盛放在有塞的玻璃瓶中密封保存。稀释硫酸时，必须将硫酸慢慢倒入水中，边倒边搅拌。碱性物质如氢氧化钠、氢氧化钾、碳酸钠和碳酸钾必须盛放在带橡皮塞的玻璃瓶或塑料瓶中。

4. 有毒化学药品的使用及贮藏

（1）有毒气体　二氧化硫、硫化氢、氟、氯、溴及对应氢化物、光气（又称碳酰氯）、氨、一氧化碳等均为刺激性或具有窒息作用的气体，使用时应在通风橱中进行，并安装气体吸收装置。

（2）有毒无机药品　常见的有毒无机药品有氰化物、溴液、汞及黄磷等。

无机氰化物一般多为白色、略带苦杏仁味的晶体或粉末，易溶于水。例如氢氰酸是氰化氢的水溶液，酸性极弱，易挥发，属剧毒类，致毒作用极快。氰化物等剧毒药品必须密封保存，保存、使用实行严格的双管制度，即由两人同时管理，双锁保存，双人取用并归还，全程管理。取用时必须戴口罩和手套，使用过的仪器、桌面必须收拾干净。

汞能在室温下缓慢蒸发，可导致急性和慢性中毒，所以使用汞时，必须严格遵守安全用汞的操作规定：汞不得暴露于空气中，盛汞的容器应在汞上加盖一层水；若有汞掉落在桌上或地面上，应先使用吸汞管，将汞珠尽可能收集起来，然后用硫黄盖在汞溅落的地方，并摩擦使之生成硫化汞。

溴液应在通风橱中取用，若有洒落，应用砂掩埋。

黄磷极毒，切忌用手直接取用，否则会引起严重持久性烫伤。

（3）有机药品　甲醇损害视神经，苯中毒损害血液系统、中枢神经系统和呼吸系统。条件允许时，最好用毒性较低的低浓度石油醚、乙醚、丙酮、二甲苯等代替。苯胺及其衍生物吸入或触及皮肤均可引起中毒，中毒早期常致中毒性高铁血红蛋白血症，重者在中毒后可发生急性溶血性贫血；芳香硝基化合物中硝基愈多，毒性愈大；苯酚能灼伤皮肤，引起皮炎或坏死。生物碱大多数具有强烈毒性，皮肤亦可吸收，少量即可导致中毒，甚至死亡。很多烷基化剂，长期摄入人体内有致癌作用。

实验中使用上述药品，必须在通风橱中进行，并保持室内空气流畅。如药品能通过皮肤、黏膜入侵则应注意对皮肤、眼睛的保护，必要时戴上防护眼镜或手套，不得品尝药品。

四、实验报告书写要求

有机化学实验预习、实验记录和实验报告撰写的基本要求如下所述。

原始实验报告图例

（一）实验预习

实验预习是有机化学实验的重要环节，对保证实验成功与否、收获大小起着关键作用。

为了避免照方抓药，依葫芦画瓢，使学生能积极主动、准确地完成实验，必须督促学生认真做好实验预习。通过实验预习，了解实验的目的和原理、仪器和试剂的使用及实验操作过程等，在此基础上写出实验预习报告。预习报告内容应包括实验目的和原理，仪器和试剂及实验操作流程和要点，设计原始数据记录表，并记下疑难问题。具体要求如下：

（1）预习时应了解实验中使用药品的性质和有可能引起的危害及相应的注意事项。

（2）实验原理中的反应式除了主反应外，还应包括主要副反应。

（3）主要反应物、试剂和产物的物理常数（查手册或辞典）、用量（g，mL，mol）和规格摘录于记录本中，以对甲苯磺酸钠的制备实验为例（参见表 1-1）。

表 1-1　对甲苯磺酸钠制备实验主要原料试剂的物理常数及投料比

名称	分子量	沸点/℃	密度 /$g \cdot cm^{-3}$	溶解度 /[$g \cdot (100 \ g \ H_2O)^{-1}$]	投料量		理论产量
					质量（体积） /g(mL)	n/mol	
甲苯							
浓硫酸							
碳酸氢钠							
氯化钠							

（4）列出实验操作流程图。将实验步骤写成简单明了的实验流程图，其中要标注实验试剂用量及重要的操作方法。还可画出装置简图，这样在实验前就形成了一个工作提纲。

（5）预习报告中还可记录预习遇到的问题及相应的解决办法。

（二）实验记录

实验是培养学生科学素养的重要途径，实验中要做到操作认真，观察仔细，思考积极，并将所用物料的数量、浓度以及观察到的现象和测得的各种数据及时如实地记录于实验本中。实验完毕后学生将实验记录本和产物交给教师。产物要盛于样品袋中并贴好标签。标签格式如下：

> ××产品：××颜色状态；××g 或××mL
> 日期：×月×日
> 实验者：

（三）实验报告撰写的基本要求

在实验操作完成之后，必须对实验进行总结，即讨论观察到的现象，分析出现的问题，整理归纳实验数据等。这是完成整个实验的一个重要组成部分，也是把各种实验现象提高到理性认识的必要步骤。书写实验报告可进行这项能力的培养和训练。

在实验报告中还应完成指定的思考题或提出本实验的改进意见等。实验报告的内容大致分 8 项。

1. 实验目的
2. 实验原理
3. 实验方法
4. 实验装置图
5. 实验操作步骤
6. 实验原始数据
7. 产率计算及结果分析
8. 思考题

（四）转化率和产率的计算

制备实验结束后，要根据基准原料的实际消耗量和初始量计算转化率，根据理论产量和实际产量计算产率。为了提高转化率和产率，常常增加某一反应物的用量。计算转化率和产率时，以不过量的反应物为基准原料。

$$转化率 = \frac{基准原料的实际消耗量}{基准原料的初始量} \times 100\%$$

$$产率 = \frac{实际产量}{理论产量} \times 100\%$$

式中　基准原料的实际消耗量——实验中实际消耗的基准原料的质量，g；

　　　基准原料的初始量——实验开始时加入的基准原料的质量，g；

实际产量——实验中实际得到纯品的质量，g；

理论产量——依据反应方程式，实际消耗的基准原料全部转化成产物的
质量，g。

第二章

基础知识和基本操作技能

一、常用玻璃仪器和设备

（一）玻璃仪器的认识

有机化学实验室玻璃仪器可分为普通玻璃仪器和磨口玻璃仪器。实验室常用的普通玻璃仪器及常见用途见表 2-1。

表 2-1　普通玻璃仪器简介

梨形分液漏斗	球形分液漏斗	普通漏斗	加料漏斗	表面皿
布氏漏斗	量筒	烧杯	抽滤瓶	b 形熔点管

标准磨口玻璃仪器是具有玻璃化磨口或磨塞的玻璃仪器，见表 2-2。由于仪器口塞尺寸的标准化、系统化、磨砂密合，凡属于同类规格的接口，均可任意连接，各部件能组装成各种配套仪器。与不同类型规格的部件无法直接组装时，可使用转换接头连接。使用标准磨口玻璃仪器，既可以免去配塞子的麻烦手续，又能避免反应物或产物被塞子玷污的危险。口塞磨砂性良好，使密合性可达较高真空度，对蒸馏尤其减压蒸馏有利，对于涉及毒物或挥发性液体的实验较为安全。

标准磨口玻璃仪器，均按国际通用的技术标准制造，在其口塞显著部位均具有规格的标识。常用规格有 10♯，12♯，14♯，16♯，19♯，24♯，29♯，34♯ 和 40♯ 等。实验室做常规量实验所选用的玻璃仪器规格一般多为 14♯，19♯ 和 24♯。标准磨口仪器使用前应检查磨砂口是否完整，连接装置时可在接口处涂抹凡士林以保证连接牢靠和装置的气密性良好。

表 2-2   标准磨口玻璃仪器

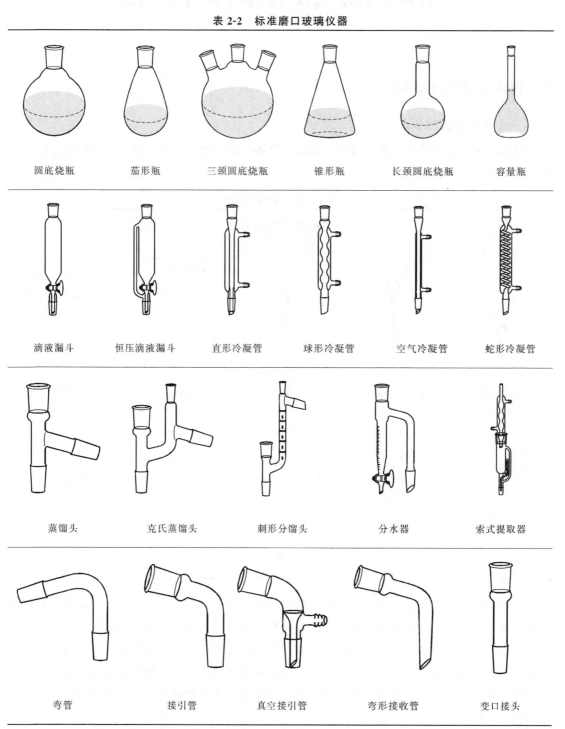

圆底烧瓶	茄形瓶	三颈圆底烧瓶	锥形瓶	长颈圆底烧瓶	容量瓶
滴液漏斗	恒压滴液漏斗	直形冷凝管	球形冷凝管	空气冷凝管	蛇形冷凝管
蒸馏头	克氏蒸馏头	刺形分馏头	分水器	索式提取器
弯管	接引管	真空接引管	弯形接收管	变口接头

（二）玻璃仪器的使用

化学玻璃仪器使用时应注意：

① 使用时要轻拿轻放，以免弄碎；

② 除烧杯、烧瓶和试管外，均不能用于直接加热；

③ 锥形瓶、平底烧瓶不耐压，不能用于减压系统；

④ 带活塞的玻璃器皿用过洗净后，在活塞与磨口之间垫上纸片，以防粘连而打不开；

⑤ 温度计的水银球玻璃很薄，易碎，使用时应小心。不能将温度计当搅拌棒使用。温度计使用后应先冷却再冲洗，以免破裂。测量范围不得超出温度计的刻度范围。

使用标准磨口玻璃仪器应注意：

① 磨口塞应经常保持清洁，使用前宜用软布揩拭干净，否则沾有固体时磨口对接不紧。

② 使用前在磨口塞表面涂以少量凡士林或真空油脂，以增强磨口的密合性，避免磨面的相互磨损，同时也便于接口的装拆。

③ 装配时，把磨口和磨塞轻轻地对旋连接，不宜用力过猛。但不能装得太紧，只要达到润滑密闭要求即可。

④ 为防止对接处粘牢，用后应立即拆卸洗净，洗涤时避免用去污粉擦洗，以免损坏磨口。

⑤ 装拆时应注意相对的角度，不能在角度偏差时进行硬性装拆，否则极易造成破损。磨口套管和磨塞应该是由同种玻璃制成的。

（三）玻璃仪器的清洗

1. 清洗剂及使用范围

常用的清洗剂有去污粉、洗液、有机溶剂等。去污粉可以用于烧杯、三角瓶、试剂瓶等易于用试管刷等刷洗的仪器；洗液多用于污渍难以清除或不便于用刷子洗刷的仪器，洗液主要是利用其本身可与污物发生化学作用去除污渍；使用有机溶剂清洗则是借助其能溶解油脂的作用，或借助某些有机溶剂能与水混溶且挥发快的特性。如甲苯可以洗油垢，乙醇、丙酮可以冲洗刚洗净且带水的仪器。

2. 洗涤要求

洗刷仪器时，应先用清水冲洗仪器，再按要求选用合适的清洗剂洗刷或洗涤仪器。例如用去污粉洗刷仪器时，先将刷子蘸上少量去污粉将仪器内外洗刷完毕，再用水边冲边刷洗至肉眼看不见有去污粉后，继续用水洗 3～6 次，再用蒸馏水冲洗。洗净的玻璃仪器，应该以壁上不挂水珠为宜。

（四）玻璃仪器的干燥

干燥玻璃仪器的方法通常有以下几种。

1. 自然风干

把已洗净的玻璃仪器在干燥架上自然风干。该法简单方便，但须注意的是，若玻璃仪器洗得不够干净，水珠不易流下，干燥较为缓慢。

2. 烘干

把已洗净的玻璃仪器分层放至烘箱中烘干。放入烘箱中待干燥的玻璃仪器，一般要求不带水珠，器皿口侧放。带有磨口玻璃塞的仪器，必须取出活塞后烘干，**玻璃仪器上如带有橡胶制品必须在放入烘箱前取下**。烘箱内的温度宜保持于 105 ℃左右，约 0.5 h。待烘箱内的温度降至室温时才能取出仪器，切不可直接将很热的玻璃仪器取出，以免骤冷使之破裂。当烘箱已工作时，不能继续放入湿的器皿，以免水滴下落，使热的器皿骤冷发生破裂。

3. 吹干

有时仪器洗涤后需要即刻使用，此时可使用气流干燥器或电吹风把仪器吹干。将仪器口朝下倾倒出水后，可加入少量丙酮或乙醇振摇后倾出液体，再使用冷风吹 1～2 min，待大部分溶剂挥发后，再吹入热风至完全干燥为止，最后吹冷风使仪器逐渐冷却。

4. 有机溶剂干燥

急用时可用有机溶剂助干，用少量 95％乙醇或丙酮荡涤，把溶剂倒回至回收瓶中，然后用电吹风吹干。

（五）其他常用仪器设备

1. 电子天平

电子天平（见图 2-1）是利用电磁力平衡称量物体重量的天平，是目前化学实验室中最常规的仪器之一。其特点是称量准确可靠、显示快速清晰且具有自动检测系统、简便的自动校准装置以及超载保护等装置。精度等级有 0.01 g、0.001 g、0.0001 g 等。

2. 搅拌器

搅拌器作为有机化学反应重要的仪器之一，它可使反应物混合得更加均匀，均衡反应体温度，从而有利于化学反应的进行，特别在非均相反应中，搅拌器尤为重要。搅拌的方法一般有三种：人工搅拌、磁力搅拌和机械搅拌。人工搅拌一般借助于玻璃棒就可以进行，下面主要介绍磁力搅拌器和机械搅拌器。

（1）磁力搅拌器　磁力搅拌器是利用磁场的转动来带动磁力搅拌子的转动，见图 2-2。磁力搅拌子是用一层惰性材料，如聚四氟乙烯等包裹着的金属，其规格有 10 mm、20 mm、30 mm 不等，形状有橄榄形、圆柱（带结）形等。橄榄形磁力搅拌子适用于圆底容器，圆柱（带结）形则更适用平底容器。

图 2-1　电子天平　　　　图 2-2　集热式恒温加热磁力搅拌器

磁力搅拌器的优点是易安装，可用于连续搅拌，尤其反应量比较少或在密闭条件下进行反应时，使用更方便。但缺点是不适宜有黏稠液或有大量固体参加或生成的反应。

（2）机械搅拌器　主要包括三部分：电动机、搅拌棒和搅拌密封装置（见图 2-3）。电动机是动力部分，固定在支架上，由调速器调节其转动快慢。搅拌棒与电动机相连接，接通电源后，电动机就带动搅拌棒转动而进行搅拌。搅拌密封装置是搅拌棒与反应器连接的装置，该装置适用于有大量黏稠液体的反应或在反应中生成大量固体物质的反应。

3. 压力计

通常采用水银压力计来测定系统内的压力。水银压力计结构见图 2-4，p_0 为大气压力，p 为系统压力，在厚玻璃管内盛水银（水银柱中不得有气泡存在，否则将影响测定压力的准确性）。测压前应将管背后的标尺零度调整至接近活塞边玻璃管 B 中的水银平面处。当减压泵工作时，A 管水银柱下降，B 管水银柱上升，两者高度之差 h 即为大气压力与系统压力之差。

水银压力计包括封闭式水银压力计和开口式水银压力计。前者轻巧方便，但当水银柱内有残留空气或杂质时，其精确度会受到影响而低于开口式水银压力计。因此，在装入水银时要严格控制不让空气或杂质进入。

4. 真空泵

在有机化学实验室里常用的真空减压泵有水泵和油泵两种。

（1）水泵 水泵（见图 2-5）的最高抽空效率约为 1067～3333 Pa（8～25 mmHg）。减压效率可达到 75%，减压效率较好。用水泵抽气时，应在水泵前装上安全瓶，以防水压下降，水流倒吸。**停止抽气前，应先放气，然后关水泵。**

图 2-3 机械搅拌器

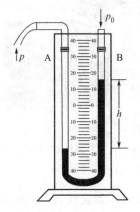

图 2-4 水银压力计

图 2-5 循环水真空泵

（2）油泵 若减压要求更高时，可用油泵（见图 2-6）。油泵的好坏取决于其机械结构和油的质量。使用油泵时必须注意：在蒸馏系统和油泵之间，必须装有吸收装置；蒸馏前必须用水泵彻底抽去系统中有机溶剂的蒸气；如蒸馏物质中含有挥发性物质，可先用水泵减压抽降，然后改用油泵；减压系统必须保持密不漏气，所有的橡皮塞的大小和孔道要合适，橡皮管要用真空用的橡皮管。磨口玻璃涂上真空油脂。

图 2-6 真空油泵

5. 旋转蒸发仪

旋转蒸发仪主要用于在减压条件下连续蒸馏大量易挥发溶剂，尤其适用于萃取液的浓缩和色谱分离时接收液的蒸馏，可用于分离和纯化反应产物。旋转蒸发仪的基本原理就是减压蒸馏，即在减压下，蒸馏烧瓶在加热条件连续转动，使大量溶剂蒸馏出，并通过冷凝系统收集。

旋转蒸发仪结构如图 2-7 所示：蒸馏烧瓶为具有磨口的梨形或圆底烧瓶，通过具有高度冷凝效果的蛇形冷凝管与减压泵相连，蛇形冷凝管另一开口与磨口接收瓶相连，用于接收被蒸发溶剂。在冷凝管与减压泵之间通过三通活塞控制：当体系与大气相通时，可将蒸馏烧瓶取下，再将装有溶剂的接收瓶取下并转移溶剂；当体系与减压泵相通时，则体系处于减压状态。**使用时，应先开启减压泵减压，再开动旋转蒸发仪电动机转动蒸馏烧瓶，结束时，应先关闭旋转蒸发仪电动机，再打开三通活塞使之与大气相通，以防蒸馏烧瓶在转动中脱落。**此外，旋转蒸发仪还配备恒温水浴锅作为蒸馏的热源。

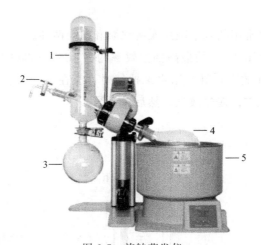

图 2-7　旋转蒸发仪

1—蛇形冷凝管；2—放气阀；3—接收瓶；4—蒸馏烧瓶；5—恒温水浴锅

6. 压缩气体钢瓶

在有机化学实验中，有时会使用气体，如氢气、氧气作为反应物。此外，一些特殊的反应还需要隔绝空气，常使用氮气、氩气等作为反应的保护气体。气体储存或使用时一般都以压缩气体装在特制钢瓶中。因此，实验中常配有压缩气体钢瓶。由于钢瓶里装有高压压缩气体，因此，使用时必须严格操作，防止气体泄漏。

钢瓶中的压缩气体压强一般接近 200 个大气压，出气口配有排气阀，易损坏，为安全起见，一般在排气阀上装一个罩子。压缩气体钢瓶应放置于远离火源和有腐蚀性酸、碱物质处。实验中的压缩气体钢瓶会根据所装的气体不同被涂成不同的颜色（见表 2-3）。

表 2-3　气体钢瓶的颜色

气体类型	瓶身颜色
氮	黑
氯	深绿

续表

气体类型	瓶身颜色
氨	黄
氧	天蓝
氢	淡绿
二氧化碳	铝白

二、有机合成与加热装置

选择合适的反应装置是保证实验顺利进行和成功的重要前提。若制备的是气体物质，宜选用气体发生装置；若制备固体或液体物质，则需根据反应条件、反应原料和产物性质等的不同，选择不同的实验装置。

有机制备反应一般具有反应时间较长、溶剂易挥发等特点，因此反应装置多采用回流装置。回流装置主要由反应容器和冷凝管组成。冷凝管的选择要依据反应混合物沸点的高低。一般多采用球形冷凝管，其冷凝面积较大，冷却效果较好。通常在冷凝管的夹套中自下而上通入自来水进行冷却。当被加热的液体沸点高于140℃时，可选用空气冷凝管。若被加热的液体沸点很低或其中有毒性较大的物质时，则可选用蛇形冷凝管，以提高冷却效率。

1. 普通回流装置

普通回流装置见图2-8，由圆底烧瓶和冷凝管组成。该装置适用于一般的回流操作。

2. 带有气体吸收的回流装置

带有气体吸收的回流装置如图2-9所示，与普通回流装置不同的是多了一个气体吸收装置。使用此装置要注意：漏斗口（或导管口）不得完全伸入水中；在停止加热前（包括在反应过程中因故暂停加热）必须将盛有吸收液的容器移去，以防倒吸。

3. 带有干燥管的回流装置

带有干燥管的回流装置见图2-10，适用于无水操作，如绝对乙醇的制备。与普通回流装置不同的是在回流冷凝管的上端装有干燥管，以防止空气中的水汽进入反应瓶。填装干燥管

 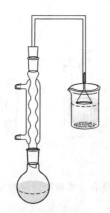 

图2-8 普通回流装置　　　图2-9 带有气体吸收的回流装置　　　图2-10 带有干燥管的回流装置

时，不可填装粉末状干燥剂，应填装颗粒状或块状干燥剂，如无水氯化钙等，再在管底塞上脱脂棉或玻璃棉，且脱脂棉不能装（或塞）得太实，以免系统被密闭而造成事故。

4. 带有搅拌器、测温仪及滴加液体反应物的回流装置

这种回流装置见图 2-11，与普通回流装置不同的是增加了搅拌器、测温仪及滴加液体反应物装置。搅拌能使反应物之间充分接触，使反应物各部分受热均匀，并使反应放出的热量及时散开，从而使反应顺利进行。使用搅拌装置，既可缩短反应时间，又能提高反应产率。

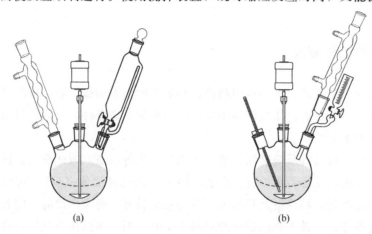

(a)   (b)

图 2-11 带有搅拌器、测温仪及滴加液体反应物的回流装置

5. 带有分水器的回流装置

此装置是在反应容器和冷凝管之间安装一个分水器，见图 2-12。带有分水器的回流装置常用于可逆反应体系实验。当反应开始后，反应物和产物蒸气与水蒸气一起上升，经回流冷凝管冷凝后流到分水器中，静置后分层，反应物与产物由侧管流回反应器，水则从反应体系中被分出。由于反应过程中不断除去了生成物之一的水，因此平衡向增加反应产物方向移动。

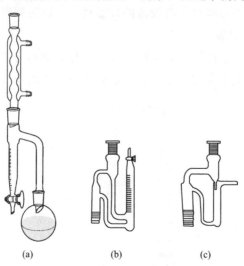

(a)   (b)   (c)

图 2-12 带有分水器的回流装置

图 2-12(a) 所示装置适用于当反应物及产物的密度小于水的情形。加热前先将分水器中装满水并使水面略低于支管口，然后放出比反应中理论出水量稍多些的水。图 2-12(b) 或

(c) 所示的分水器适用于反应物及产物的密度大于水的情形。应在加热前用原料物通过抽吸的方法将刻度管充满。若需分出大量水，则可采用图 2-12(c) 所示的分水器，该分水器不需事先用液体填充。使用带分水器的回流装置，可在出水量达到理论出水量后停止回流。

三、加热与冷却

加热与冷却是有机化学实验中常用的基本操作技能。

（一）加热

有机化学实验常用的热源有煤气、酒精和电能。加热方式有直接加热和间接加热。为避免直接加热带来的安全问题，根据实际情况可选用以下间接加热的方式。

1. 空气浴加热

利用热空气间接加热的原理，对沸点在 80 ℃ 以上的液体均可采用空气浴加热。实验中常用的方法有石棉网上加热和电热套加热。使用电热套加热，温度可调，操作简便。然而，烧杯、锥形瓶等平底容器放入后可能因受热不均匀而破裂，因此不建议使用电热套加热平底容器。此外，加热过程中如出现液体溢入电热套内时，应迅速关闭电源，并将电热套放在通风处，待干燥后方可使用，以免因漏电或电器短路发生危险。

2. 水浴加热

当加热的温度不超过 100 ℃ 时，可使用水浴加热。但当用到金属钾、钠的操作以及无水操作时，绝不能在水浴上进行，否则会引起火灾或使实验失败。由于加热时水浴中水的不断蒸发，适当时要添加热水，使水面保持稍高于容器内的液面。

3. 油浴

油浴加热范围为 100～250 ℃。当加热温度在 100～200 ℃ 时，宜使用油浴。优点是它能使反应物受热均匀。反应物的温度一般低于油浴温度 20 ℃ 左右。常用的油浴有：

① 甘油　可以加热到 140～150 ℃，温度过高时则会炭化。

② 植物油　如菜籽油、花生油等，可以加热到 220 ℃，常加入 1% 的对苯二酚等抗氧化剂，便于久用。温度过高时易分解，达到闪点时可能燃烧，所以使用时要小心。

③ 液体石蜡　可以加热到 200 ℃ 左右，温度稍高并不分解，但较易燃烧。

④ 硅油　硅油在 250 ℃ 时仍较稳定，透明度好，安全，是目前实验室里较为常用的油浴之一，但其价格较贵。

使用油浴加热时要特别小心，防止溅入水滴，防止着火。当油浴受热冒烟时，应立即停止加热。油浴中应挂一支温度计或配备温度感应探测器，可以观察油浴的温度和有无过热现象，同时便于调节控制温度。使用油浴时要竭力防止产生可能引起油浴燃烧的因素。加热完毕取出反应容器时，仍用铁夹夹住反应器离开油浴液面悬置片刻，待容器壁上附着的油滴完后，再用纸片或干布擦干器壁。

4. 沙浴

沙浴是把反应容器埋入沙子中然后加热，加热温度可达 200～300 ℃。当反应要求温度较高时，可采用沙浴。

5. 金属浴

金属浴是利用高热容的导热介质热传递和热容的原理，控制加热和冷却系统，使得金属浴中的温度保持在设定值附近波动，其加热温度可达到 500 ℃ 以上，用于各种化学反应、测量、标定和检测操作。

（二）冷却

冷却是要求有机化学实验在低温下进行的一种常用方法，根据不同的要求，可选用不同的冷却方法。

一般情况下的冷却，可将盛有反应物的容器浸在冷水中；在室温以下冷却，可选用冰或冰水混合物；在 0 ℃ 以下冷却，可用碎冰和某些无机盐按一定比例混合作为冷却剂。常用冰盐浴及冷却温度见表 2-4。

表 2-4　几种不同的冰盐浴及冷却温度

盐类	100 g 碎冰中无机盐的重量/g	能够达到的最低温度/℃
NH_4Cl	23.0	−15.8
$NaNO_3$	50.0	−18.0
$NaCl$	30.7	−21.2
KCl	24.5	−10.7
$CaCl_2 \cdot 6H_2O$	100.0	−29.0
KNO_3	12.0	−3.0
K_2CO_3	65.0	−36.5

干冰（固体二氧化碳）和丙酮、氯仿等溶剂混合，可冷却到 −78 ℃；液氮可冷却到 −196 ℃。必须注意的是，当温度低于 −38 ℃ 时，不能使用水银温度计（水银在 −38.8 ℃ 凝固），而应使用内装有机液体的低温温度计。

四、有机产品的干燥

干燥是有机化学实验中非常普遍且十分重要的基本操作。干燥的方法大致有物理方法和化学方法两种。物理方法主要有吸附、分子筛脱水等。化学方法是用干燥剂去水，根据去水原理不同可分为：与水结合生成水合物和与水起化学反应。

干燥

（一）液体有机物的干燥

1. 干燥剂的选择

液体有机物的干燥通常是将干燥剂直接放入有机物中，因此选择干燥剂要考虑以下因素：①与被干燥的液体有机物不能发生化学反应；②不能溶于该液体有机物中；③选择时，应综合考虑干燥剂的吸水容量、干燥效能、干燥速度及价格等因素。吸水容量指单位重量的干燥剂所能吸收水的最大容量，一般来讲，吸水容量越大，吸收水分越多。干燥效能，即达到平衡时液体被干燥的程度。例如，无水 Na_2SO_4，其吸水容量较高，然而由于其水合物 $Na_2SO_4 \cdot 10H_2O$ 的蒸气压也较大，致使其干燥效能很差。因此，干燥时应根据除水要求选择合适的干燥剂。常用干燥剂的性能参见表 2-5。

表 2-5 常用干燥剂及应用范围

干燥剂类型	吸水容量	干燥速度	干燥效能	适用	不适用
$CaCl_2$	0.97	较快	中等	烃、卤代烃、醚、硝基化合物	酸、醇酚、胺、酰胺及某些醛、酮
$MgSO_4$	1.05	较快	较弱	适用广,可代替 $CaCl_2$	
Na_2SO_4	1.25	缓慢	弱	有机液体的初步干燥	
K_2CO_3	0.20	慢	较弱	醇、酮、酰胺、杂环等碱性化合物	酸、酚及其他酸性化合物
Na	—	快	强	干燥醚、烃中痕量水分	—
CaO	—	较快	强	干燥低级醇类	—
P_2O_5	—	快	强	醚、烃、卤代烃、腈中痕量水分	醇酚、酸、胺、酮
分子筛	0.25	快	强	各类有机化合物	—

注：Na_2SO_4 的吸水容量按照 $Na_2SO_4 \cdot 10H_2O$ 计算，$CaCl_2$ 的吸水容量按 $CaCl_2 \cdot 6H_2O$ 计算，$MgSO_4$ 的吸水容量按 $MgSO_4 \cdot 7H_2O$ 计算。

2. 干燥剂的用量

干燥剂的用量是根据干燥剂的吸水量和水在有机物中的溶解度来估算的，当然也要考虑分子结构，含亲水性基因的化合物用量要稍多些。吸水容量是指单位质量干燥剂所吸收的水量，干燥效能指达到平衡时液体被干燥的程度，干燥剂的用量要适当，用量少，干燥不完全；用量过多，则因干燥剂表面吸附而造成被干燥有机物的损失。一般用量为 10 mL 液体约加 0.5～1 g 干燥剂。

3. 干燥方法

干燥前要尽可能地把有机物中的水分除去，加入干燥剂后，振荡，静置观察，若干燥剂黏附在瓶壁上，则应再加些干燥剂。若干燥前液体呈浑浊，干燥后为澄清，可认为水分基本除去。反之，则说明水分太多，要先除水。

（二）固体有机物的干燥

1. 晾干

将固体样品放在干燥的表面皿或滤纸上，摊开，再用张滤纸覆盖，放在空气中晾干。但此法对样品中少量水难以除尽。

2. 烘干

将固体样品置于表面皿中放在水浴上烘干，也可用红外灯或烘箱烘干。必须注意样品不能遇热分解，加热温度要低于样品的熔点。此法需注意严格控制烘箱温度，要保证待烘样品在此温度下不熔化或发生分解变质。

3. 其他干燥方法

其他干燥方法有普通干燥器干燥、减压恒温干燥器干燥等。

普通干燥器见图 2-13(a)，干燥器底部可根据要求放入合适的干燥剂。如变色硅胶、五氧化二磷可吸水；氯化钙可吸收水，醇；石蜡可吸收有机蒸气。开启干燥器时应注意左手按住干燥器的下部，右手握住盖的圆顶，向前小心推开。

真空干燥器如图 2-13(b) 所示，放干燥剂的原则同上，用真空泵抽真空可提高干燥效率，抽真空时真空度不宜太高，以免炸裂。开启干燥器，放入空气要慢，以免样品被冲散。

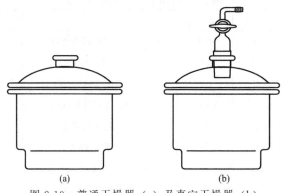

图 2-13　普通干燥器（a）及真空干燥器（b）

五、粗产品的精制技术简介

由化学反应装置制得的粗产物，需要采用适当的方法进行精制处理，才能得到纯度较高的产品。

（一）液体粗产品的精制

1. 萃取

在实验室中，萃取大多在分液漏斗中进行，当需要连续萃取时，可采用索氏提取器。选择合适的有机溶剂可将有机产物从水溶液中提取出来，也可将无机产物中的有机杂质除去；通过水萃取可将反应混合物中的酸碱催化剂及无机盐洗去；用稀酸或稀碱可除去反应混合物中的碱性或酸性杂质。萃取的原理及方法详见实验二。

2. 蒸馏

利用蒸馏的方法，不仅可以将挥发性与不挥发性物质分离开来，也可以将沸点不同的物质进行分离。

当被分离组分的沸点差在 30 ℃以上时，采用普通常压蒸馏即可。（详见实验三）

当沸点差小于 30 ℃时，可采用分馏柱进行简单分馏。（详见实验五）

有些沸点较高、加热时未达到沸点温度即容易分解、氧化或聚合的物质，需采用减压蒸馏的方式将其与杂质分离。（详见实验四）

对于那些反应混合物中含有大量树脂状或不挥发性杂质，或液体产物被反应混合物中较多固体物质所吸附时，可用水蒸气蒸馏的方法将不溶于水的产物从混合物中分离出来。（详见实验六）

（二）固体粗产物的精制

固体粗产物可用沉淀分离、重结晶或升华的方法来精制。

1. 沉淀分离

沉淀分离法是选用合适的化学试剂将产物中的可溶性杂质转变成难溶性物质，再经过滤分离除去，这是一种化学方法，要求所选试剂能够与杂质生成溶解度很小的沉淀，并且在自身过量时容易除去。

2. 重结晶

选用合适的溶剂，根据杂质含量的不同，进行一次或多次重结晶，即可得到固体纯品。（详见实验七）若粗产品中含有有色杂质、树脂状聚合物等难以用重结晶法除去的杂质时，可在结晶过程中加入吸附剂进行吸附。常用的吸附剂有活性炭、硅胶、氧化铝、硅藻土及滑石粉等。

当被分离混合物中有关组分性质相近、用简单的结晶方法难以分离时，也可采用分级结晶法，该法适用于混合物中不同组分在同一溶剂中溶解度受到温度影响差异较大的情况。

重结晶一般适用于杂质含量小于 5％的固体混合物。若杂质过多，可在结晶前根据不同情况，分别采用其他方法进行初步提纯，如水蒸气蒸馏、减压蒸馏、萃取等，然后再进行重结晶处理。

3. 升华

升华法适用于纯化易潮解及易与溶剂作用的物质。升华法纯化固体物质需要具备两个条件，即固体物质有相当高的蒸气压，杂质的蒸气压与被精制物的蒸气压有显著的差别。若常压下并不具有适宜升华的蒸气压，可采用减压的方式，以增加固体物质的气化速度。利用升华法可得到无水物及分析用纯品。

（三）影响产率的因素

有机合成反应较为复杂，其实际产率通常低于理论产率，主要受以下因素影响：

（1）反应本身可逆或有副反应　有机合成多数反应不彻底，在一定条件下，反应原料和产物会建立平衡，导致反应物不能全部转化成产物。有机合成反应时间较长，反应过程中的温度、压力、原料投料比、有无催化剂等都有可能导致发生主反应的同时，副反应也在进行。如乙酸乙酯的制备实验反应温度在 110～120 ℃，温度过高，则反应原料之一的乙醇会发生分子间脱水反应，生成副产物乙醚。

（2）反应后处理造成的损失　有机合成产物复杂，产物与未反应完全的原料及副产物的分离需通过蒸馏、萃取、重结晶等纯化过程进一步分离，从而使产率降低。

（四）提高产率的措施

1. 破坏平衡，提高转化率

对于有机可逆反应，通常可使用反应物之一过量或及时除去或转移反应体系中产物的方法，使反应向有利于生成产物的方向进行。实验过程中，要根据不同反应的特点、原料的相对价格、性能差异及反应后是否容易除去以及对减少副反应是否有利等因素来决定。如乙酸乙酯的制备实验，乙醇和乙酸都是反应的主要原料，考虑到乙醇相对价格较低，且无刺激性，以选择乙醇过量为宜。

2. 严格控制反应条件

实验中若能严格地控制反应条件，就可有效地抑制副反应的发生，提高反应效率。在某些制备反应中，充分的搅拌或振摇可促使多相体系中物质间的充分接触，也可使均相体系中分次加入的物质迅速而均匀地分散在溶液中，从而避免局部浓度过高或过热，以减少副反应的发生。如对甲苯磺酸钠的制备，在反应过程中要经常摇动烧瓶，使浓硫酸和甲苯这两相充分接触，以提高产率。

六、色谱法简介

色谱法是一种建立在相分配原理基础上的分离、提纯和鉴定有机化合物的实验方法。按照操作方法的不同可分为薄层色谱、柱色谱和纸色谱。这里简要介绍薄层色谱、柱色谱技术。它们是重要的有机化合物分离提纯技术，薄层色谱还被用于跟踪有机化学反应的进程。

（一）薄层色谱（thin-layer chromatography，　TLC）

1. 原理

薄层色谱法是利用载板，如在玻璃或金属薄片上涂布一薄层吸附剂作为固定相的液相色谱法。将一定浓度样品溶液点到薄层板底部一定位置上，在合适的溶剂中展开可形成一个或多个分离点，达到分离提纯的目的。薄层色谱法在有机合成实验中用于定性分析或快速分离少量物质。

2. 操作过程

此过程包括点样、展开、定位（显色）、定性和定量等步骤。

取一块涂布有固定相（例如硅胶）细颗粒层（厚约 0.25 mm）的薄层板，将浓度约 0.5～2 mg/mL 的样品溶液用毛细管在薄层板距底边 1 cm 处点样，点样量约为 0.5～5 μL。将薄层板置于密闭槽（展开缸）中，加入一定极性的溶剂作为流动相。溶剂被薄层板吸附，沿板向上移动，并带动样品中各组分移动，这一过程称为展开。由于各组分性质不同，样品点展开的过程中，各组分移动距离不同，展开一定距离后，即得互相分离的组分斑点。如果组分无色，可用物理或化学方法显色，从而准确地确定斑点的位置。

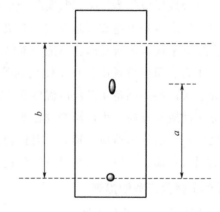

图 2-14　计算 R_f 值示意图

R_f 值表示组分移动的特性，即样品点到原点的距离和溶剂前沿到原点的距离之比，常用分数表示（见图 2-14）。

$$R_f = \frac{a}{b}$$

式中，a 为起始线至斑点中线的距离，cm；b 为起始线至溶剂前沿的距离，cm。

影响 R_f 的因素主要有：展开剂的性质，固定相的性质、温度、展开方式和展开距离等。在上述条件固定的情况下，R_f 值对每一种化合物来说是一个特定的数值。当两个化合物具有相同的 R_f 值时，则还需要做进一步分析测试以确定它们是否为同一个化合物。在薄层色谱过程中，需要关注以下几个问题。

（1）吸附剂　常用硅胶、氧化铝等。市售的硅胶 G 含 5%～15% 的石膏黏合剂，硅胶 H 则不含。硅胶 GF254 既含石膏又含荧光粉。实验中可根据实验要求选择不同的硅胶。例如硅胶 GF254 型和硅胶 GF365 型可在紫外光 254 nm 或 365 nm 照射定位时使用。在紫外光照射下，薄层板显荧光，样品斑点处不显荧光。

（2）制板　铺制薄层板时，要求基底板洁净平整，可用干法或湿法铺制。现常用湿法制板，即将吸附剂（如硅胶）与黏合剂（如羧甲基纤维素钠或烧石膏）按一定比例混合，加入约 3 倍体积的水混匀，搅拌成糊状，用涂布器将此匀浆缓慢地移过基底板，在室温晾干后，根据活性要求在一定温度下加热活化后存于干燥器中备用。

（3）展开　此步骤中，展开剂的选择至关重要，合适的展开剂能使组分展开后斑点清晰、集中、不拖尾。待测组分的 R_f 值以 0.4～0.5 为宜。展开有多种方式，上行法较为常用。展开的实验操作是将点样后的薄层板置于密闭的色谱槽中，下端浸入展开剂高度不应超过 0.5 cm。展开距离一般为 10～15 cm。如分离效果不佳，可取出薄层板，待溶剂挥发后，再次沿此方向展开。

（4）显色　如果化合物本身有颜色，就可直接观察它的斑点。但是很多有机物本身无色，可在紫外灯下观察有无荧光斑点。另外一种方法是待薄层板溶剂晾干后，放在含有 0.5 g 碘的密封容器中，许多有机物都能形成黄棕色斑点。也可在溶剂蒸发前用显色剂喷雾显色。根据 R_f 值的不同对各组分进行鉴别。

3. 用途

（1）化合物的定性检验　通过与已知标准物对比的方法进行未知物的鉴定。

（2）快速分离少量物质　此法可快速分离几到几十微克，甚至 0.01 μg 的物质。

（3）跟踪反应进程　在进行化学反应时，常利用薄层色谱观察原料斑点的逐步消失，以此来判断反应是否完成。

（4）化合物纯度的检验　只出现一个斑点，且无拖尾现象，即为纯物质。

（二）柱色谱（column chromatography）

1. 原理

柱色谱是分离、提纯复杂有机化合物的重要方法，可用于较大量有机物的分离。其原理是利用色谱柱内吸附剂对样品中各组分吸附能力的差异，达到分离目的。常用的吸附剂有硅胶、氧化铝和活性炭等。目前使用的吸附剂大多是硅胶，可用于分离极性范围很广的样品。氧化铝极性更强一些，因此，它对极性大的有机化合物的吸附力强。

2. 洗脱剂

在柱色谱中，非极性化合物在固体吸附剂上的吸附力小，很容易用非极性的溶剂洗脱。极性化合物在金属氧化物上有很强的吸附力，因此，必须用极性更强的溶剂洗脱。吸附剂的吸附力和溶剂的极性决定样品在柱子里的洗脱速度。样品洗脱得太快，分离效率就低，同样，吸附剂太强或溶剂极性太弱也是如此。一些常见溶剂的洗脱能力顺序：烷烃＜四氯化碳＜二氯甲烷＜乙醚＜氯仿＜乙酸乙酯＜丙酮＜乙醇＜甲醇。

3. 操作方法

（1）选柱和装柱　柱子径高比一般在 1∶5～1∶10，在实际使用时，填料量一般是样品量的 30～40 倍。如果所需组分和杂质的分离度较大，可减小填料量，使用内径相对较小的柱子；如果 R_f 值相差小于 0.1，需要使用内径相对较大的柱子，增加填料量。

装柱时，将柱子垂直固定在铁架台上，加入溶剂至柱子的约 1/2 处。用玻璃棉将柱子下端塞住，再铺上 6 mm 厚的石英砂，以防止吸附剂流失，提高过柱效率。在充满溶剂的柱子里慢慢加入吸附剂，吸附剂要装填紧实（若装填过密，流脱液流速将变慢）。在将吸附剂加入到溶剂中时，要轻轻敲打柱子的边沿以防止吸附剂中出现气泡。吸附剂的顶部必须是平整的，加完吸附剂后再小心加入 4 mm 厚的石英砂，以防止新加入溶剂时对吸附剂平面的影响。

（2）洗脱

① 溶解样品　加样时，通常是把混合物溶解在溶剂中，然后加到柱子里。溶液的浓度要尽可能大一些，体积一般不超过 5 mL。

② 加样品溶液　加样前让柱子里的溶剂流出，待溶剂液面刚好流至石英砂时，关闭柱子下端活塞。加样品溶液，然后打开活塞，等样品液面刚好流至石英砂面时，再关闭活塞。将柱子加满洗脱液，打开活塞进行洗脱。

③ 洗脱并收集化合物　用极性小的溶剂把极性小的化合物先洗脱出来，然后换成极性大的溶剂洗脱极性化合物。如果样品中的成分有颜色，随着洗脱的进行，会分离出不同的色带。有时也用混合溶剂进行洗脱。将收集的洗脱液用旋转蒸发仪进一步蒸发，可得到分离提纯的化合物。

④ 收集洗脱化合物　通常用旋转蒸发仪蒸发收集到的洗脱液，可得到纯的化合物。

七、波谱法简介

通过重结晶、蒸馏、色谱分离等技术得到纯净的产品后，接下来的问题是如何表征这些化合物的结构。鉴定有机化合物的结构有四种常用的光谱技术，即紫外吸收光谱（UV）、红外吸收光谱（IR）、核磁共振波谱（NMR）和质谱（MS）。本章将简要介绍红外吸收光谱（IR）、核磁共振波谱（NMR）技术。

图 2-15 是按波长由短到长排列而成的电磁波谱。从 X 射线到无线电波，几乎电磁波谱中的每一波段都被用于原子和分子的结构鉴定。我们主要讨论分子的吸收光谱。当电磁波照射某一有机物时，如果将某波段的电磁波的波长不断变化，物质就会吸收某一定能量的光子，使分子内部发生某种能级的变化。能级的跃迁是量子化的，能级跃迁所需的能量 E 与被吸收光子波长之间的关系，可简单按下式计算：

$$E = \frac{hc}{\lambda}$$

式中，E 为能级跃迁所需能量，J；h 为普朗克常数，为 6.6×10^{-34} J·s；c 为光速，通常为 3.0×10^8 m/s；λ 为被吸收光子的波长，m。

（一）红外吸收光谱（infrared absorption spectrum，IR）

红外吸收光谱是化合物对不同频率或波长的红外区域电磁波吸收量的图示。研究最多的是中红外区域的吸收光谱，即波长为 $2.5 \sim 25$ μm，频率范围是 $4000 \sim 400$ cm^{-1} 的电磁波。红外光谱仪测量的是频率或波长与吸收光的量之间的关系，可得到如图 2-16 丙酮的光谱图。

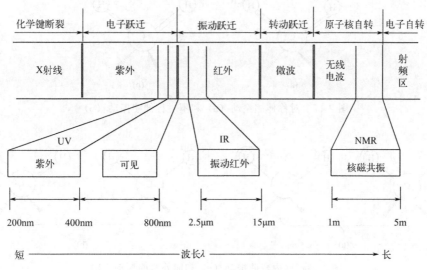

图 2-15　光波谱区及能量跃迁

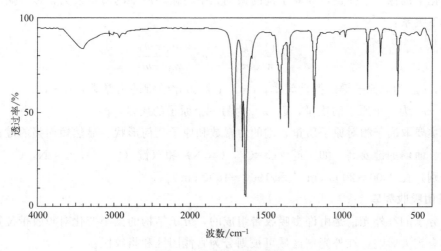

图 2-16　丙酮的 IR 谱图

横坐标：波数（σ）4000～400 cm^{-1}，表示吸收峰的位置。

纵坐标：透过率（T），表示吸收强度。T 越低，表明吸收越好，故曲线低谷表示是一个好的吸收带。

$$T = \frac{I}{I_0} \times 100\%$$

式中，I 为透过光的强度，cd；I_0 为入射光的强度，cd。

1. 原理

分子是由原子组成的，可看作由弹簧连接起来的一组球的集合体。各种不同的化学键相当于弹簧的强度，各种质量不同的原子相当于大小不等的球。分子中存在着两种振动，即键的伸缩振动和弯曲振动。伸缩振动为沿键轴方向的有规律运动，原子间距离增大或缩小；弯曲振动是键角发生变化的振动，如图 2-17 和图 2-18 所示。

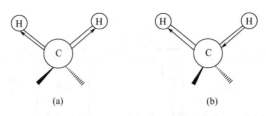

图 2-17　对称伸缩振动 (a) 和不对称伸缩振动 (b)

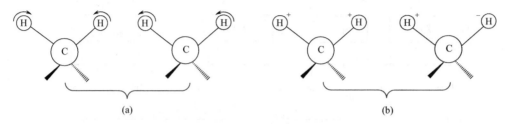

图 2-18　面内弯曲振动 (a) 和面外弯曲振动 (b)

假设化学键像一个弹簧，双原子键的振动频率与振动原子的质量及力常数（振动键的强度）有如下关系：

$$\nu_{振} = \frac{1}{2\pi}\sqrt{\frac{k}{\mu}} \qquad \mu = \frac{m_1 \cdot m_2}{m_1 + m_2}$$

式中，$\nu_{振}$ 为双原子键的振动频率，cm^{-1}；k 为化学键的力常数，$N \cdot cm^{-1}$；μ 为折合质量，g；m_1 为一个原子的质量，g；m_2 为另一个原子的质量，g。

波数主要取决于相对原子质量、键的力常数和原子几何形状。显然短而强的键其伸缩振动能级比长而弱的键要高。如三键（$C\equiv C$，$C\equiv N$）和双键（$C=O$，$C=N$，$C=C$）的吸收波数分别处在 $2300 \sim 2000\ cm^{-1}$ 和 $1900 \sim 1500\ cm^{-1}$。

2. 基团吸收频率

一个分子的红外光谱是由许多吸收带组成的，分子结构的微小变化对吸收带位置、形状和强度都有较大影响。红外光谱区域可被划分为官能团区和指纹区。

官能团区为 $4000 \sim 1300\ cm^{-1}$ 区域，由伸缩振动产生的吸收带，为化学键和基团的特征吸收峰，吸收峰较稀疏。官能团区是鉴定基团存在的主要区域。

指纹区为 $1300 \sim 650\ cm^{-1}$ 区域，吸收光谱较复杂，除单键的伸缩振动外，还有变形振动。指纹区能反映分子结构的细微变化。

除了官能团振动的吸收频率数据外，红外光谱还给出了吸收峰的强度和形状。峰形有宽有锐，吸收强度可划分为强（s）、中等（m）、弱（w）。常见基团的红外吸收总结如下。

（1）$4000 \sim 2500\ cm^{-1}$

① 羟基（—OH）：包括醇（ROH，强吸收）、酚（ArOH，强吸收）和羧酸（RCOOH，强吸收），出现在 $3650 \sim 3200\ cm^{-1}$ 区域。

② 氨基（—NH）：游离氨基的红外吸收在 $3500 \sim 3300\ cm^{-1}$ 范围，缔合后吸收峰位置降低。

③ 烃基：C—H 振动的分界线是 $3000\ cm^{-1}$。

④ 不饱和碳的 C—H：振动频率大于 3000 cm^{-1}。

⑤ 三键（C≡C—H）：吸收峰在 3300 cm^{-1}，峰形尖锐。

⑥ 醛基（—CHO）：醛的费米振动出现在 2700 cm^{-1} 处，为弱峰，可作为醛基官能团的特征吸收带。

（2）2500～2000 cm^{-1}

双键，如 C＝C（弱吸收），C＝N（弱吸收），N＝N（弱吸收）及连二烯型 C＝C＝C（弱吸收），N＝C＝O（强吸收），N＝C＝S（强吸收）在此区域有吸收。在这个区域内，除有时作图未能全扣除的空气背景中的 CO_2（ν_{CO_2} ～2365 cm^{-1}、2335 cm^{-1}）吸收外，此区域内的任何小吸收峰都应引起注意。

（3）2000～1500 cm^{-1}

双键的伸缩振动区域，是红外谱图中的重要区域。最重要的是羰基的吸收，大部分羰基化合物集中于 1900～1650 cm^{-1}，峰形大部分都尖锐或稍宽，强度较大。C＝C 双键的吸收出现在 1670～1600 cm^{-1}，强度中等或较低。苯环的骨架振动在 1450 cm^{-1}、1500 cm^{-1}、1580cm^{-1}、1600 cm^{-1}，只要在 1500 cm^{-1}、1600 cm^{-1} 附近有一处吸收，原则上可知有苯环存在。

（4）1500～1300 cm^{-1}

该区域主要提供了 C—H 的弯曲振动信息。

（5）1300～900 cm^{-1}

所有单键的伸缩振动频率、分子骨架振动频率都在这个区域。

（6）910 cm^{-1} 以下

苯环因取代而产生的吸收（900～650 cm^{-1}）是判断苯环取代位置的主要依据。

3. 红外光谱的测定

红外光谱仪对于液体和固体样品都适用。这里我们简要介绍固体样品的测定方法，需要指出的是，所有用作红外光谱分析的试样，必须达到纯度高、无水的要求。

（1）压片固体样品

压片固体样品的测定常用 KBr 薄片法压片，即先用玛瑙研钵和研杵将约 100 mg 无水溴化钾研成细粉，再向其中加入 1 mg 固体样品，继续研磨，至样品与溴化钾完全混合均匀，将其转移至压片模具后至压片机成形。

（2）红外光谱仪操作

以日本岛津 FTIR-8400S 傅立叶红外光谱仪为例，具体步骤如下：

a. 依次打开除湿机、红外光谱仪主机和计算机电源；打开主机电源后，主机进行自检（1 min 左右），打开 PC 机，进入 Windows 操作系统。

b. 启动 IRSolution 软件，在"测定"菜单中选择"初始化"，初始化完成后，选择"样品测试方式"，进行背景扫描。扫描完成后，放置样品，进行测样。

c. 样品完成后，即可从样品室中取出样品架。并用浸有无水乙醇的脱脂棉将用过的研钵、镊子、刮刀、压模等清洗干净，置于红外干燥灯下烘干，以备制下一个试样。如不使用应将其放入干燥器中，以防锈蚀。

d. 关机：退出 IRSolution 操作系统，先关闭计算机，再关闭主机电源。

需要特别注意的是，实验过程中要保持实验环境干燥。

（二）核磁共振谱（nuclear magnetic resonance spectroscopy, NMR）

核磁共振谱是磁性原子核在外磁场中产生能级跃迁的一种物理现象。它揭示了有机化合物结构中的许多细节，是有机物结构分析的重要工具。

1. 原理

凡是原子序数为单数的原子核，中子数均为奇数，或质子数和中子数中有一个是奇数的原子核，如 ^1H、^{19}F、^{31}P 等都有自旋。而质子数、中子数均为偶数，质量数也为偶数的核，如 ^{12}C、^{16}O、^{32}S 等则没有。当自旋量子数为 I 的原子核放入一个均匀的磁场中时，可以产生 $2I+1$ 种取向。一种与外磁场同向，形成一个低能级；另一种与外加磁场反向，形成一个高能态。两个能级间的能量差 ΔE 为：

$$\Delta E = \frac{h\gamma}{2\pi} H_0$$

式中，γ 为质子的磁旋比，是其特征常数，$T \cdot s$；h 为普朗克常数，$6.6 \times 10^{-34} J \cdot s$；$H_0$ 为外加磁场强度，T。

当质子在一个磁场强度固定的外磁场中产生两个不同能级后，受到频率为 ν 的电磁波辐射，当电磁波的能量等于两个能级差，即 $\Delta E = h\nu$ 时，此时能量将被质子吸收，质子将由低能级跃迁到高能级，这种现象称为核磁共振，ν 即是质子的共振频率。因此，质子的共振频率可以表示为：$\nu = \gamma / 2\pi \cdot H_0$。

NMR 信号与结构的关系可由峰面积-积分高度、化学位移（δ）和峰的裂分和偶合常数（J）等参数表现出来。在 NMR 谱中，峰面积与原子核数目有关，即峰面积越大，则代表此峰的原子核数越多。各峰的面积常用积分线高度来表示。如在 CH_3CH_2OH 的氢谱中，三组信号的积分高度之比为 $3 : 2 : 1$。

由于不同质子共振时的外磁场强度差别极其微小，不同信号之间的照射频率之差也很小，同时这种差距既与外磁场的强度成正比，也与该磁场相匹配的辐射频率成正比。为此，引入了化学位移（δ）的定义：

$$\Delta\delta = \frac{某种质子的共振频率 - 参考物质的共振频率}{所用外磁场的共振频率} \times 10$$

很多情况下，NMR 谱中的吸收峰有裂分现象，这是自旋的氢核之间相互干扰的结果，这种现象称为自旋-自旋偶合（spin-spin coupling）。质子峰裂分的多重性由邻近质子数决定。$n+1$ 规律和帕斯卡三角形分别用来预测峰的裂分数和各裂分小峰的强度。

$n+1$ 规律是指一个信号的裂分数取决于邻位碳上磁等同的质子数，如该数是 n，则裂分数为 $n+1$。由 $n+1$ 规律所得到的各裂分小峰，其强度比例系数为展开二项式的系数，呈帕斯卡三角形。裂分峰中各小峰之间的距离称为偶合常数（J），它的大小反映了核之间自旋偶合的有效程度，与相偶合的质子间的结构关系是密切相关的。

2. 有机化合物的核磁共振数据

化学位移反映了分子结构，因而可以被用于获取结构信息。^1H 周围的电子云密度或空间分布的改变将会引起化学位移的变化。常见的氢质子的化学位移可参考有机化学理论教材中的波谱知识部分。

八、有机化学实验相关文献查阅方法简介

有机化学实验中涉及大量的实验试剂、实验方法和操作技能。通过查阅辞典、手册和文献，可以帮助学生了解化合物的性质，探究新的实验方法、合成技术路线，熟悉相关合成领域的最新进展。因此，学习查阅有机化学实验相关文献是一个重要环节。这里将简要介绍有机化学实验常用的工具书及期刊、数据库文献。

（一）工具书（手册、词典）

1. 危险化学品安全手册

初入实验室的学生以及首次使用某化学品的人员应详细了解实验所涉及的化学品的性质及其危险指标。因此，危险化学品安全手册是化学工作者常备的重要文献资料。

（1）《常用化学危险物品安全手册》（中国医药科技出版社） 该书于 1992 年出版第 1 卷和第 2 卷，报道约 1000 种生产、储运、使用中最常见的化学药品的安全资料。主要内容包含化合物的理化性质，耐性，包装运输方法，防护措施，泄漏处置，急救方法。该书按照中文笔画排序，卷末有英文索引，以及中英对照、英中对照索引。

（2）《危险化学品安全实用技术手册》（化学工业出版社） 该手册共包含 16 章，主要内容包括危险化学品基本知识、生产单元操作、生产工艺过程、包装、储存、运输、管道输送、废物处理，危险化学品防火防爆、消防、危险源的辨识、风险控制、应急救援预案，危险化学品发生事故后的现场抢险概述、应急处置、泄漏事故的现场勘测及危险化学品泄漏后的带压堵漏技术；事故的定义、特点、分类、特征，与事故相关的主要法规和标准，事故报告，事故调查与处理，事故赔偿，着重介绍了危险化学品生产过程中的重大事故案例、储存中的重大事故案例、运输中的事故案例、管道输送中的事故案例及国外重大化学事故案例。

2. 《英汉汉英化学化工大词典》

该词典为综合性化学化工方面的工具书，词典编辑简洁明了，查阅化学名词（英译中或中译英）方便省时。阅读英文化学书籍或期刊论文时，有些英文单词在一般英文字典查不到，需要用英汉化学词典。该词典列有化合物的分子式、结构式及其物理化学性质，并有简要制备方法和用途介绍。内容按笔画顺序排列，书末有汉语拼音检索，查阅较方便。

3. 《有机化合物辞典》（*Dictionary of Organic Compounds*，DOC）

该词典是有机化学方面的权威性辞典。收录超过 107000 个词条，超过 320000 种有机化合物。按照英文字母排序，有许多分册，刊载化合物的分子式、分子量、别名、理化常数、危险指标、用途、参考文献等。该词典网络版可通过 Taylor & Francis CHEMnetBASE 联合化学词典数据库访问。

4. 《默克索引》（*The Merck Index*）

《默克索引》是化学工程、药物开发和生物研究的权威性综合类百科全书，由美国默克集团于 1889 年开发，至今已有超过 120 年的历史。该书报道 1 万余种常用化学和生物试剂的物理常数（熔点，沸点，闪点，密度，折射率，分子式，分子量，比旋光度，溶解度），别名，结构式，用途，毒性，制备方法等。自 2013 年以来，《默克索引》纸质版及网络版由

英国皇家化学会在全球范围内独家发行与销售，并负责内容的维护与更新。

5.《CRC 化学和物理手册》(*CRC Handbook of Chemistry and Physics*)

《CRC 化学和物理手册》，简称理化手册，最初由美国化学橡胶公司（CRC，现属于 Taylor & Francis 集团）出版，是一本物理、化学方面的重要参考工具书。该手册内容广泛齐全，收集了物理、化学方面最新的重要资料，为实验室常备手册，从 1949 年（第 30 版）起，每年都更新发行，目前最新版为第 104 版。该手册网络版可通过 Taylor & Francis CHEMnetBASE 联合化学词典数据库访问，网络版具有更灵活便利的检索功能。

6.《兰氏化学手册》(*Lange's Handbook of Chemistry*)

该手册是一部在国际上享有盛誉的化学数据手册，资料齐全、数据翔实、使用方便，是化学及相关科学工作者常备的参考书籍。自 1934 年第 1 版问世以来，该书一直受到各国化学工作者的重视，英文最新版（第 17 版）已于 2016 年出版发行。该书内容包括有机化合物，通用数据，换算表和数学，无机化合物，原子、自由基和键的性质，物理性质，热力学性质，光谱学，电解质、电动势和化学平衡，物理化学关系，聚合物、橡胶、脂肪、油和蜡及实用实验室资料等。其中有机化学部分刊登有机化合物的名称，分子式，分子量，熔点，沸点，闪点，密度，折射率，溶解度，在 Beilstein 的参考书目等。

7.《贝尔斯坦有机化学大全》(*Beilstein Handbuch der Organischen Chemie*)

《贝尔斯坦有机化学大全》，简称 Beilstein，源自德国化学家 F. K. Beilstein 编写并于 1881 年首次出版的《有机化学手册》，是报道有机化合物数据和资料的巨著。手册内容包括化合物的结构，理化性质，衍生物的性质，鉴定分析方法，提取纯化或制备方法以及原始参考文献等。目前，Beilstein 已合并到爱思唯尔的 Reaxys 数据库中，检索使用更为便捷。

（二）文摘

美国《化学文摘》(*Chemical Abstracts*，CA) 创刊于 1907 年，由美国化学会主办，是目前报道化学文摘最悠久最齐全的刊物。报道范围涵盖 160 多个国家 60 种文字，17000 多种化学及化学相关期刊的文摘。目前包含 3 种出版方式：印刷版、光盘版（CA on CD）和网络版（Sci Finder Scholar）。

由于文摘数量庞大，CA 设计和出版了许多不同形式的索引，按照时间区分为期索引（一周），卷索引（每 26 期），累积索引（每 10 卷，约 5 年）三种；按照内容区分为关键词索引（keyword index），作者索引（author index），专利索引（patent index），主题索引（subject index），普通主题索引（general subject index），化学物质索引（chemical substance index），分子式索引（formula index），环系索引（index of ring system），登记号索引（registry number index），母体化合物索引（parent compound index）以及索引指南（index guide），资料来源索引（CAS source index）等。

（三）国内化学期刊

目前为 SCI 收录的有《化学学报》、《中国化学》、《高等学校化学报》、《中国科学：化学》、CCS Chemistry、《有机化学》等。以英文出版的有《中国化学》(*Chinese Journal of Chemistry*)、《中国化学快报》(*Chinese Chemical Letters*)、《中国科学：化学》(*Science China Chemistry*)、CCS Chemistry 等。其他相关期刊有《合成化学》《化学试剂》等。

1.《化学学报》(*Acta Chimica Sinica*)

《化学学报》是我国创刊最早的化学学术期刊（始于 1933 年），也是最早被 SCI 收录的中国化学领域期刊。《化学学报》原名《中国化学会会志》(*Journal of the Chinese Chemical Society*)，1952 年更名为《化学学报》，并从外文版改成中文版。1990 年起《化学学报英文版》改名为《中国化学》(*Chinese Journal of Chemistry*)。《化学学报》刊载化学各学科领域基础研究和应用基础研究的原始性、首创性成果，涉及物理化学、无机化学、有机化学、分析化学和高分子化学等。《化学学报》设有"研究论文（article）""研究通信（communication）""研究亮点（highlight）""研究评论（accounts）""研究展望（perspectives）""综述（review）"等栏目。

2.《中国化学》(*Chinese Journal of Chemistry*)

《中国化学》创刊于 1983 年，是由中国化学会、中国科学院上海有机化学研究所主办，中国科学院上海有机化学研究所和 Wiley-VCH 联合出版（2005 年起）的英文月刊。《中国化学》刊载化学各学科领域基础研究和应用基础研究的原始性、首创性成果，涉及无机化学、有机化学、物理化学、分析化学和高分子化学等。

3.《中国化学快报》(*Chinese Chemical Letters*)

《中国化学快报》杂志（CCL）是中国化学会与爱思唯尔（Elsevier）出版社联合出版的全英文月刊，创刊于 1990 年 7 月，是中国化学会主办、中国医学科学院药物研究所承办的核心刊物。《中国化学快报》内容涵盖我国化学研究全领域，并及时报道化学领域研究的最新进展及热点问题。

4.《有机化学》(*Chinese Journal of Organic Chemistry*)

《有机化学》由中国化学会、中国科学院上海有机化学研究所主办，创刊于 1980 年，现为月刊，报道有机化学领域的最新科研成果、研究动态以及发展趋势，刊登基础研究和应用研究的原始性论文，以及研究热点和前沿综述，报道重要研究工作的最新进展。《有机化学》设有综述与进展、研究论文、研究通信、研究简报、学术动态、研究专题、亮点介绍等栏目。

5.《化学通报》

《化学通报》创刊于 1934 年，原名《化学》(*Chemistry*)，1952 年更名为《化学通报》，现为月刊，主要反映国内外化学及其交叉学科的进展，介绍新的知识和实验技术，报道最新科技成果，提供各类信息，促进国内外学术交流，以报道知识介绍、专论、教学经验交流等为主，也有研究工作报道。主要栏目包括：进展评述、研究论文、研究简报、专家论坛、知识介绍、化学教学、化学史、化学家等。

6.《中国科学：化学》(*Science China Chemistry*)

《中国科学：化学》创刊于 1996 年 1 月，是由中国科学院主管、中国科学院和国家自然科学基金委员会主办的化学类综合性学术期刊。曾用刊名：中国科学 B 辑；中国科学（B 辑：化学）。《中国科学：化学》主要报道化学基础研究及应用研究方面具重要意义的创新性研究成果。涉及的学科主要包括理论化学、物理化学、无机化学、有机化学、高分子化学、生物化学、环境化学、化学工程等。2010 年起，其英文版 *Science China Chemistry* 创刊，并已发展成为相对独立的一本期刊，为 Springer 出版社旗下刊物。

7. *CCS Chemistry*

其创刊于 2019 年，是中国化学会独立创办的第一本国际杂志，发表对化学领域具有真正影响的杰出研究成果。*CCS Chemistry* 收录文章类型分为通讯（communications）、小型综述（mini-reviews）和原始研究论文（research articles），有时也会发表高质量的长综述（full reviews）。

8.《化学试剂》

《化学试剂》是由中国分析测试协会、国药集团化学试剂有限公司、北京国化精试咨询有限公司主办的一本学术期刊，主要刊载该领域内的原创性研究论文、综述和评论等。该杂志于 1979 年创刊，目前已被美国《化学文摘》（CA）等收录。主要栏目设有特约专题、综述与专论、生化与药用试剂、功能材料、电化学与新能源、分析与测试、标准物质与标准品、分离提取技术、化学品与环境、合成与工艺技术、电子化学品等。

（四）网上数据库

目前，期刊的数字化和网络化发展势头迅猛。电子版期刊、图书等查阅可通过高校图书馆网上数据库方便实现。查阅方法为：输入相应高校网址，进入图书馆，打开中文或英文数据库，进入检索页面，可键入题目、关键词、作者、期刊、年份等信息进行文献资料的检索，也可通过期刊浏览功能进行选择性阅读。著名的中外文数据库包括：中国期刊全文数据库（CJFD）、万方数据库、中文科技期刊数据库、美国化学会（ACS）数据库、爱思唯尔（Elsevier）数据库、威立（Wiley）数据库、英国皇家化学会（RSC）数据库、施普林格·自然（Springer Nature）数据库等。

第三章

基本操作实验

实验一　简单玻璃工操作

【安全须知】

切割玻璃管、玻璃棒时，小心操作，注意不要划伤皮肤；切割后的玻璃管、玻璃棒，不要用手直接触摸断面，以防止割伤；使用煤气灯具等明火时，注意远离易燃、易爆炸试剂。

【实验目的】

1. 学习实验室内一些简单的玻璃工操作。

2. 掌握弯管，毛细管及滴管和搅拌棒等用品的简单的玻璃工操作。

【实验原理】

1. 切割玻璃管、玻璃棒

加工时，先用三角锉刀的边棱或小砂轮在玻璃管（或玻璃棒）所需要切割的地方朝一个方向锉出稍深的痕[1]。双手握住玻璃管（或玻璃棒，凹痕在外）。然后，大拇指在凹痕后面向前推，同时双手朝两端拉，为了安全，折断时应尽可能远离眼睛，或在锉痕两边包上布后再折。若锉痕未扩展成圈时，可以逐次用烧热的玻璃棒压触在裂痕稍前处，直至玻璃管（或玻璃棒）完全断开。最后，淬火、圆口，即把断口处放在煤气灯火焰上来回旋转几下，除去断口面的缺口，防止锋利的断面把手划破。

2. 弯曲玻璃管

（1）将玻璃管用小火预热一下，然后用双手持玻璃管，把要弯曲的地方斜插入氧化焰中，以增大玻璃管的受热面积，同时缓慢而均匀地转动玻璃管，两手用力要均等，转速要一致，以免玻璃管在火焰中扭曲。

（2）自火焰中取出玻璃管，稍等片刻，使各部分温度均匀，准确地把它弯成所需要的角度[2]。弯管的正确手法是"V"字形，两手在上方，玻璃管弯曲部分在两手中间的下方。弯好后，待其冷却变硬后才把它放在石棉网上继续冷却。冷却后，应检查其角度是否准确，整个玻璃管是否在同一平面上。

3. 拉制滴管和毛细管

将玻璃管外部用干布擦净，先用小火烘，然后加大火焰，并不断转动玻璃管，当玻璃管发黄变软后从火中取出。两手以同样速度边转动玻璃管边拉伸。拉成的细管和原管必须在同一轴线上。

【实验准备】

玻璃管（$\phi10$ mm，2 m 及 $\phi12$ mm，1 m）；玻璃棒（$\phi5$ mm，1 m 及 $\phi6.8$ mm，1 m）；石棉网；三角锉刀；煤气灯具。

【实验内容】

1. 拉制滴管

选直径 10～12 mm 的玻璃管截成 10 cm 长，洗净后晾干。在煤气灯强火焰中灼烧玻璃管中部，同时两手将玻璃管向同一方向转动，当玻璃管变软时，两手轻轻向里挤，以加厚烧软处的管壁。再经烧软后，将玻璃管取出并趁热慢慢拉成适当的管径，拉伸时双手仍需将玻璃管向同一方向转动。拉好的玻璃管晾冷后，用小砂轮于细处截断成适当长度，然后在火焰上把两端管口烧圆。

2. 拉制熔点毛细管

取一根清洁干燥、直径为 10 mm 左右的玻璃管，在灯焰上加热，不断转动玻璃管，当烧至发黄变软时从火中取出，两手握玻璃管做同方向旋转，水平地向两边拉开。开始拉时要慢些，然后再较快地拉长，使之成为内径为 1 mm 左右的毛细管。将这些毛细管用小砂轮截成长约 10 cm 的小段，两端都用小火封闭（将毛细管的一端在酒精喷灯的弱火焰边沿来回转动，使之封口），冷却后放在试管内保存。使用时只要将毛细管从中割断，即得两根熔点管。

3. 拉制玻璃搅拌棒（电动搅拌器用）

取一根 15 cm 长的玻璃棒，在煤气灯火焰上将距一端约 2 cm 处烧软后，先弯成 135°，再将弯曲部分烧软化后用硬物压扁即可。

实验时间约 1～2 h。

【操作要点及注意事项】

［1］使用锉刀时应向一个方向锉，不要来回锉，否则锉痕多。

［2］拉制玻璃管时，不能一面加热一面弯曲，一定要等玻璃管烧软后离开火焰再弯，弯曲时两手用力要均匀，不能有扭力，拉力和推力。

【思考题】

弯曲和拉细玻璃管时，玻璃管的温度有什么不同？为什么要不同呢？弯制好了的玻璃管，如果和冷的物件接触会发生什么不良的后果？应该怎样才能避免？

实验二 萃取

【安全须知】

浓盐酸有强烈的刺激性气味，对皮肤有腐蚀性，使用时要通风，注意安全。

【实验目的】

1. 了解萃取分离的基本原理，乳化及破乳化。
2. 熟练掌握分液漏斗的选择及各项操作。

【实验原理】

萃取是有机化学实验中用来提取或纯化有机化合物的常用方法之一，也可以用来洗去化合物中少量杂质。通常将前者称为"萃取"，后者称为"洗涤"。

萃取是利用物质在两种不互溶（或微溶）溶剂中溶解度或分配比的不同来达到分离、提取或纯化目的的一种操作。"分配定律"是萃取液体的理论依据。物质对不同的溶剂有着不同的溶解度，在两种互不相溶的溶剂中，加入某种可溶性物质时，它能分别溶解在这两种溶剂中。实验证明，在一定温度下，当某化合物与这两种溶剂不发生分解、电解、缔合和溶剂化等作用时，该化合物在两液层中的浓度之比是一个常数，称为"分配系数"。

例如：某溶液是由有机物 X 溶解于溶剂 A 而成，要从溶液中萃取出 X，我们可以选择一种对 X 溶解度极好，而与溶剂 A 不起化学反应和不相混溶的溶剂 B。把溶液转移到分液漏斗中，加入溶剂 B，并充分振荡，静置后，由于溶剂 A 与溶剂 B 互不相溶，分为两层。这时 X 在 A、B 两液相间的浓度比，即"分配系数"，可用公式表示如下：

$$\frac{X\text{在溶剂 A 中的浓度}}{X\text{在溶剂 B 中的浓度}} = K\text{（分配系数）}$$

应用萃取可以从固体或液体混合物中提取出所需物质。当所用的溶剂的量一定时，把溶剂分成数次做多次萃取比用全部溶剂做一次萃取的效果好。简要推导过程如下：假设 V_1 为被萃取溶液的体积；W_0 为被萃取溶液中溶解的 X 的总量；V_B 为每次用溶剂 B 的体积；W_1 为萃取一次后 X 在溶剂 A 中剩余量。经过一次萃取后，X 在溶剂 A 中剩余量 W_1 为：

$$W_1 = W_0 \times \frac{KV_1}{KV_1 + V_B}$$

显然，经过 n 次萃取后，X 在溶剂 A 中剩余量 W_n 应为：

$$W_n = W_0 \times \left(\frac{KV_1}{KV_1 + V_B}\right)^n$$

上式中，n 越大，W_n 就越小，也就是说，把溶剂分成几份做多次萃取比用全部溶剂进行一次萃取要好。

用作萃取的溶剂必须具备以下条件：

（1）对被提取的物质有很大的溶解度但不与其发生化学反应。

（2）沸点较低便于用蒸馏法除去。

另一类萃取则是利用萃取剂能与被萃取物发生反应而达到分离的目的。碱性萃取剂可以从有机相中萃取有机酸或除去酸性杂质，常用的有 5％氢氧化钠、5％碳酸钠及稀碳酸氢钠。酸性萃取剂可以从有机相中萃取有机碱或除去碱性杂质，常用稀盐酸和稀硫酸。浓硫酸可以除去饱和烃或卤代烃中的醇、酚、醚等。

本实验将利用氢氧化钠通过多次萃取从甲苯溶液中萃取苯甲酸。

【实验准备】

仪器：分液漏斗，锥形瓶，量筒，布氏漏斗，抽滤瓶，烧杯，玻璃棒，水泵，刚果红试纸。

药品：苯甲酸的乙酸乙酯溶液（15 mL），3 mol·L^{-1}氢氧化钠溶液（30 mL），浓盐酸。

【实验装置图】

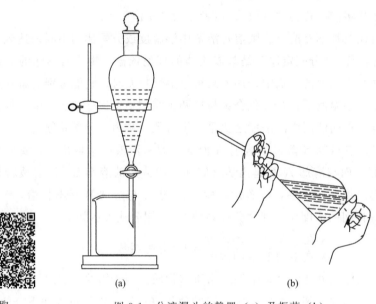

(a)　　　　　　　　　　　(b)

萃取　　　　　　图 3-1　分液漏斗的静置（a）及振荡（b）

【实验内容】

1. 检漏

使用前在漏斗活塞上涂凡士林[1]，塞好旋转数圈，使凡士林均匀分布。在分液漏斗中装入适量水，关闭颈部旋塞，封住漏斗口，将漏斗倒置，左手握住旋塞，右手食指摁住上磨口塞，倒立，检查是否漏水。若不漏水，则将其立正。将上磨口塞旋转180°，倒立，检查是否漏水，若不漏水，则此分液漏斗可以使用。

2. 萃取

将 15 mL 苯甲酸的乙酸乙酯溶液（含有约 1 g 苯甲酸）及 10 mL 3 mol·L^{-1}氢氧化钠溶液置于分液漏斗中。塞好塞子，旋紧。先用右手手掌顶住漏斗顶塞并握住漏斗颈，再用左手的大拇指和食指握在活塞的柄上，中指抵在塞座下，如图 3-1(b) 所示，上下轻轻振摇分液漏斗，使两相之间充分接触，以提高萃取效率。每振摇几次后，就要将漏斗尾部向上倾斜（朝无人处）打开活塞放气，以解除漏斗中的压力。静置，如图 3-1(a) 所示，分液[2]，分下层水溶液前，须打开上面的玻璃塞，再将活塞缓缓旋开，下层液体自活塞放出，然后将上层液体从分液漏斗上口倒出。加入 10 mL 3 mol·L^{-1} 氢氧化钠溶液重复上述操作两次，收集下层溶液。将分液漏斗洗净，放回原处[3]。

3. 酸化

向萃取后集中收集的水溶液中加浓盐酸直至刚果红试纸显蓝色（大约 7 mL）。置冰水浴中充分冷却、抽滤，沉淀用少量蒸馏水洗涤两次，抽干，干燥，称量，测熔点。

4. 乙酸乙酯的回收

乙酸乙酯层在分液漏斗中用 10 mL 蒸馏水洗涤一次，静置分层，乙酸乙酯层倒入一只干燥的锥形瓶中，加入 2～3 g 无水硫酸镁干燥至液体澄清，过滤除去干燥剂，回收。

实验时间约 2～3 h。

【操作要点及注意事项】

[1] 注意不要把凡士林涂在塞孔上，以免使其堵塞。

[2] 分液时一定要尽可能分离干净，有时在两相间可能出现一些絮状物，也应同时放去（下层）。

[3] 分液漏斗使用后，应用水冲洗干净，玻璃塞和活塞用薄纸包裹后塞回去。

【思考题】

1. 什么是萃取？什么是洗涤？指出两者的异同点。

2. 在分液漏斗的使用中，可能出现以下现象，请根据已有知识或查阅相关文献提出解决方案。（1）有时分液漏斗内的混合物颜色较深，有机相和无机相之间的界面看不清楚，如何判断分层界限？（2）两相分层很清晰，但不确定哪一相是水层或有机层，如何判断？（3）分液漏斗中得到了乳浊液，即一种液体的液滴悬浮在另一种液体中，该现象产生的原因是什么？如何"破乳"？

实验三　常压蒸馏

【安全须知】

蒸馏乙醇不得使用明火，蒸馏装置需与大气相通，蒸馏有毒液体注意通风。

【实验目的】

1. 了解常压蒸馏的原理及应用。
2. 学习常压蒸馏进行沸点测定的一般操作。

【实验原理】

一般来说，液体的蒸气压随温度的增加而增加，当液体的蒸气压力等于作用于液体表面的外界压力时，液体开始沸腾，此时的温度为该液体的沸点（boiling point，b. p.）。显然，外界压力不同，液体的沸点不同。

蒸馏是分离和提纯液体化合物常用的方法。它是将液态物质加热到沸腾变为蒸气，然后将其蒸气引入冷凝装置中冷却和冷凝，并收集馏出液体的两个过程的联合操作。可简单表示为：

$$液体 \xrightarrow[加热]{气化} 蒸气 \xrightarrow[冷却]{冷凝} 液体$$

若被蒸馏的液体化合物中含有少量溶解的非挥发性杂质时，通过蒸馏可达到纯化的目的。但是，严格地讲，此时温度计的读数不是该化合物在此压力下的沸点。

若被蒸馏的液体是两种具有不同沸点的化合物的混合物，在蒸馏过程中低沸点的组分先蒸出，高沸点的组分后蒸出，从而达到分离提纯的目的。很明显，蒸馏可将挥发和不挥发的物质分离开来，也可将沸点不同的液体混合物分离开来。但液体混合物各组分的沸点必须相差 30 ℃以上才能进行分离。而要彻底分离，沸点要相差 110 ℃以上。对沸点相近的液体混合物可采用分馏（见实验五）的方法进行分离和纯化。为了保证蒸馏过程中，液体沸腾有一个平稳状态，减少过热现象的出现，常向蒸馏烧瓶中加入碎瓷片、沸石或一端封口的毛细管等助沸物，它们都能有效地防止加热过程中暴沸现象的发生。但应注意的是，切勿将助沸物加入已接近或已经沸腾的液体中！因为如果这时加入助沸物，将会引起猛烈的暴沸，液体易冲出瓶口，甚至发生火灾。如果加热后发现忘记加入了助沸物，应使液体冷却到沸点以下后才能加入。如蒸馏中途停止，也应在重新加热前补加新的助沸物，以免出现暴沸现象。

需要注意的是，在一定压力下，纯净化合物都具有固定沸点，但是具有固定沸点的液体不一定都是纯净化合物。因为当两种以上的物质形成共沸物时，它们的液相组成和气相组成相同。因此，在同一沸点下，它们的组成一样。这样的混合物用一般的蒸馏方法无法分离。

【实验准备】

仪器：圆底蒸馏烧瓶（100 mL、50 mL 各 1 个），直形冷凝管（1 支），真空接引管（1 支），锥形瓶（2 个），蒸馏头（1 个），温度计（含套管）（1 支），恒温电热套，沸石。

药品：无水乙醇。

【物理常数】

表 3-1 乙醇的物理常数

化合物	熔点/℃	沸点/℃	相对密度(d_4^{20})	溶解度/[g·(100 g H₂O)$^{-1}$]
乙醇	−114	78.3	0.789	∞

【实验装置图】

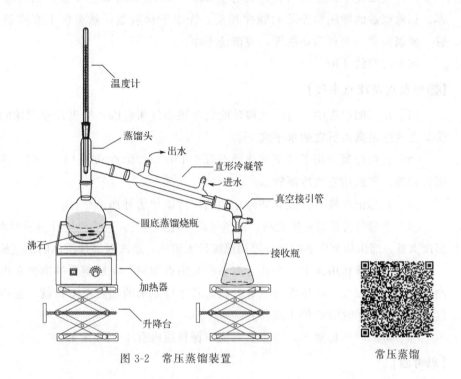

图 3-2 常压蒸馏装置

常压蒸馏

【实验内容】

1. 安装蒸馏装置

(1) 圆底蒸馏烧瓶大小的选择：视待蒸馏液体的体积而定。通常蒸馏液体的体积占圆底蒸馏烧瓶容量的三分之一到三分之二为宜。

(2) 安装仪器顺序一般自下而上，从左到右，仪器装接要准确端正，尤其是接口位置要连接紧密以免漏气。具体操作如下：以置于升降台上的热源为基准，将圆底蒸馏烧瓶调整好高度位置，固定在铁架台上，安装蒸馏头和温度计[1]。另一铁架台上的铁夹固定冷凝管[2]的中下部分，使冷凝管的中心线与蒸馏头支管的中心线平行，调整冷凝管的高度和倾斜角度，使其与蒸馏头的侧管紧密连接起来，再装上真空接引管和接收瓶，并将接收瓶置于另一升降台上。蒸馏装置从侧面观察，主要仪器的轴线要在同一平面上，如图 3-2 所示。

2. 无水乙醇的蒸馏

(1) 加料：仪器安装好后，取下温度计套管和温度计，在蒸馏头上放置一支长颈漏斗，小心将待蒸馏的 50 mL 无水乙醇倒入圆底蒸馏烧瓶中，要注意不使液体从支管流出。再加入几粒沸石[3]，检查仪器的各部分连接是否紧密和妥当。

(2) 加热：在加热前，应检查仪器装配是否正确，原料、沸石等是否加好，冷凝水是否通入，一切无误后方可加热。一旦液体沸腾，温度计汞球部位出现液滴时，适当调节电压，使温度计水银球上常有被冷凝的液滴。蒸馏速度控制以每秒1～2滴为宜[4]。

（3）收集馏分记录沸程：蒸馏前，至少要准备两个接收瓶，分别用来收集前馏分和馏分。记下馏分开始馏出时和最后一滴时温度计的读数，即该馏分的沸程（沸点范围），停止蒸馏[5]。注意不要蒸干[6]，以免蒸馏烧瓶破裂及发生其他意外事故。

（4）蒸馏完毕：应先关掉电源停止加热，将电压调节至零点。然后停止通水，拆下仪器。拆除仪器的顺序和安装的顺序相反，先取下接收瓶，然后拆下真空接引管、直形冷凝管、蒸馏头和圆底蒸馏烧瓶等，并清洗干净。

实验时间约3 h。

【操作要点及注意事项】

[1] 在蒸馏过程中，为使水银球能完全被蒸气所包围，温度计水银球的上缘应位于蒸馏头支管底缘最高点所在的水平线上。

[2] 直形冷凝管用于被蒸液体沸点低于130 ℃；沸点高于130 ℃时，蒸气温度高易使冷凝管破裂，宜选用空气冷凝管。

[3] 若忘记加沸石，应立即停止加热，待冷却后补加。

[4] 蒸馏时若热源温度太高，使蒸气成为过热蒸气，造成温度计显示的沸点偏高；若热源温度太低，馏出物蒸气不能充分浸润温度计水银球，造成温度计所读的沸点偏低或不规则。

[5] 一般液体中或多或少地含有一些高沸点杂质。在所需要的馏分蒸出后，若再继续升高加热温度，温度计的读数会显著升高，若维持原来的加热温度，就不会再有馏液蒸出，温度会突然下降，这时应停止蒸馏。

[6] 蒸馏时不得蒸干，停止蒸馏前应保持瓶内有1～2 mL液体。

【思考题】

1. 为什么温度计水银球上端必须在蒸馏烧瓶侧管口部的下部？

2. 沸石（即止暴剂或助沸剂）为什么能止暴？如果加热后才发现没加沸石怎么办？由于某种原因中途停止加热，再重新开始蒸馏时，是否需要补加沸石？为什么？

3. N,N-二甲基甲酰胺（DMF）能否进行常压蒸馏？为什么？请查阅试剂手册和相关文献了解 N,N-二甲酰亚胺的物理常数及性质并给予解释。

4. 如果液体具有恒定的沸点，那么能否认为该液体是纯物质？

实验四 减压蒸馏

【安全须知】

N,N-二甲基甲酰胺遇明火、高热可引起燃烧爆炸，应及时检查装置的气密性。减压蒸馏系统中切勿使用有裂缝或薄壁的玻璃仪器，以防爆裂。

【实验目的】

1. 了解用减压蒸馏分离和提纯有机化合物的原理。
2. 学习减压蒸馏的仪器安装和操作方法。

【实验原理】

减压蒸馏是分离和提纯有机化合物的常用方法之一，特别适用于那些在常压蒸馏时未达沸点即已受热分解、氧化或聚合的高沸点有机化合物。

液体的沸点是指它的蒸气压等于外界压力时的温度。通常，液体的沸点随外界压力变化而变化，若体系的压力降低，则液体的沸点随之降低。在较低压力下进行蒸馏的操作称为减压蒸馏。减压下蒸馏要比在常压下蒸馏所需的温度低得多。减压蒸馏时物质的沸点与压力的关系可作如下估计：

（1）根据沸点-压力的经验近似关系图，近似地推算出物质在不同压力下的沸点。若要更准确地了解不同压力下的沸点，可从文献中查阅压力-温度关系图或计算表，也可从物理化学中的克劳修斯-克拉贝龙（Clausius-Clapeyron）方程式的积分式计算求得。

（2）一般来说，大气压降至 3.33 kPa，高沸点化合物（250～300 ℃）的沸点下降至 100～125 ℃，在 3.33 kPa 以下时，压力每降低一半，沸点下降 10 ℃。

【实验准备】

仪器：圆底烧瓶（100 mL、50 mL 各 1 个），直形冷凝管（1 支），真空接引管（1 支），锥形瓶（2 个），克氏蒸馏头（1 个），毛细管，温度计，温度计套管，恒温电热套，水泵，水银压力计，安全瓶。

药品：N,N-二甲基甲酰胺。

【物理常数】

表 3-2 N,N-二甲基甲酰胺的物理常数

化合物	熔点/℃	沸点/℃	相对密度(d_4^{20})	溶解度/[g·(100 g H$_2$O)$^{-1}$]
N,N-二甲基甲酰胺	−61	152.8	0.944 5(25 ℃)	混溶

【实验装置图】

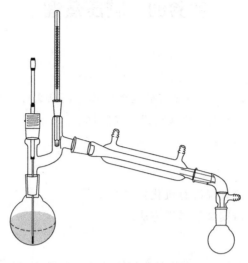

图 3-3　减压蒸馏装置

　　减压蒸馏装置（图 3-3）主要由蒸馏、抽气减压（真空接引管支管连接泵）、安全保护和测压四部分组成。根据减压部分的不同，减压蒸馏装置可分为水泵减压蒸馏和油泵减压蒸馏两种（图 3-4）。水泵抽气时不需要吸收装置，其余类似。下面简要介绍各部分的主要功能和用途。

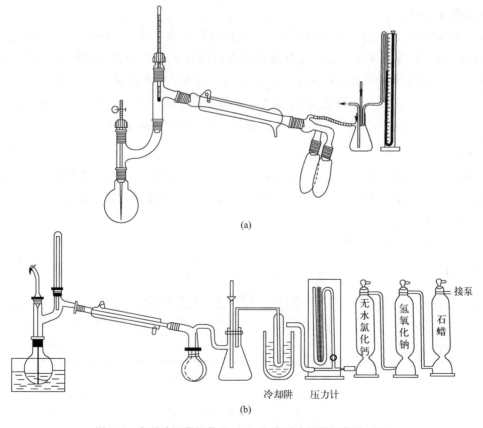

图 3-4　水泵减压蒸馏装置（a）及油泵减压蒸馏装置（b）

1. 蒸馏部分

蒸馏部分由蒸馏瓶、克氏蒸馏头、毛细管、温度计及冷凝管、接收器等组成。克氏蒸馏头可减少由于液体暴沸而溅入冷凝管的可能性。而毛细管的作用，则是作为气化中心，使蒸馏平稳，避免液体过热而产生暴沸冲出现象。毛细管口距瓶底约 $1\sim2$ mm，为了控制毛细管的进气量，可在毛细玻璃管上口套一段软橡皮管，橡皮管中插入一段细铁丝，并用螺旋夹夹住。蒸出液接收部分，通常用多尾接液管连接两个或三个梨形或圆形烧瓶，在接收不同馏分时，只需转动多尾接液管。在减压蒸馏系统中切勿使用有裂缝或薄壁的玻璃仪器，尤其不能用不耐压的平底瓶（如锥形瓶等），以防止内向爆炸。

2. 安全保护部分

安全保护部分一般有安全瓶，若使用油泵，还必须有冷却阱以及分别装有粒状氢氧化钠、块状石蜡及活性炭或硅胶、无水氯化钙的吸收干燥塔［见图 3-4(b)］，以避免低沸点溶剂，特别是酸和水蒸气进入油泵而降低泵的真空效能。所以在油泵减压蒸馏前必须在常压或水泵减压下蒸除所有低沸点液体和水以及酸性或碱性气体。冷却阱所使用的冷却剂常为冰/水或冰/盐，必要时用干冰。吸收瓶内吸收剂的种类，视蒸馏液的性质而定。

3. 抽气部分

抽气部分用减压泵，最常见的减压泵有水泵和油泵两种。使用水泵不易得到较高的真空度，水泵的效能与其构造、水压和水温有关。水泵所能达到的最低压力为当时室温下的水的蒸气压，所以要得到较高的真空度可使用油泵。

4. 测压部分

测压一般用水银压力计指示整个系统压力，以检查油泵真空度及仪器装置是否漏气。水银压力计有开口式和封闭式两种。开口式压力计水银柱上升高度 Δh（mmHg），即表示系统内压的降低值。系统内实际压力（真空度），就是当时的大气压减去水银柱上升的高度（Δh）。封闭式压力计两水银柱的差即为蒸馏系统内的实际压力。

【实验内容】

1. 检查抽气泵的效率

在蒸馏和安全保护部分与抽气泵连接前应先检查抽气泵的效率。按图 3-4(a) 连接好抽气泵、安全瓶和压力计后，打开安全活塞，开动水泵抽气，再慢慢关闭安全活塞，当水银压力计上的读数稳定后，记下该读数，即为泵的抽气效率（通常用真空度表示），然后慢慢打开安全活塞，使水银压力计恢复到正常，再停止抽气。

2. 检查系统是否漏气[1]

检查系统是否漏气的方法是：关闭毛细管，减压至压力稳定后，夹住连接系统的橡皮管，观察压力计水银柱是否有变化，无变化说明不漏气，有变化即表示漏气。

3. 减压蒸馏[2]

检查仪器不漏气后，向 100 mL 蒸馏烧瓶中加入 30 mL 待蒸的 N,N-二甲基甲酰胺[3]，关好安全瓶上的活塞，开动水泵，调节毛细管导入的空气量，以能冒出一连串小气泡为宜。当压力稳定后，开始加热。液体沸腾后，应注意控制温度，并观察沸点变化情况[4]。待沸点稳定时，转动多尾接液管接收馏分，蒸馏速度以 0.5～1 滴/秒为宜，收集 76 ℃/4800 Pa

（36 mmHg）的馏分。蒸馏完毕，除去热源[5]，慢慢旋开夹在毛细管上的橡皮管的螺旋夹。待蒸馏烧瓶稍冷后再慢慢开启安全瓶上的活塞[6]，平衡内外压力。然后再关闭抽气泵[7]。

实验时间约 3 h。

【操作要点及注意事项】

[1] 为保证系统密闭性，磨口仪器的所有接口部分都必须用真空脂润涂好并使真空脂分布均匀。

[2] 进行减压蒸馏时应戴防护眼镜，减压蒸馏系统中所用的橡皮管都应是厚壁橡皮管。

[3] 加样品时应用玻璃漏斗，以防磨口污染而引起漏气。

[4] 在减压蒸馏过程中要注意蒸馏情况，记录压力和沸点数据。如发现油泵有故障或遇突然停电等，应立即打开安全活塞。

[5] 停止蒸馏时，一定要先移去热源，稍冷后，慢慢打开二通活塞，使系统与大气相通。这是因为有些化合物较易氧化，加热时突然与空气接触会发生爆炸事故。

[6] 若活塞开得太快，水银柱很快上升，有冲破测压计的可能。

[7] 一定要在蒸馏系统内外压力平衡后，再关闭油泵，否则系统中压力降低，油泵中的油会倒吸入吸收系统中。

【思考题】

1. 何谓减压蒸馏？适用于什么体系？减压蒸馏装置由哪些仪器、设备组成？各起什么作用？

2. 减压蒸馏中毛细管的作用是什么？能否用沸石代替毛细管？

3. 请根据已有知识或查阅相关文献资料分析减压蒸馏实验中出现以下现象的原因，并提出可能的解决方案。（1）温度很高，但无馏分出来；（2）馏分在冷凝管口凝固。

实验五 分馏

【安全须知】

实验过程中注意检查装置的气密性，低沸点、易燃试剂要远离明火。

【实验目的】

1. 了解分馏的原理和意义，蒸馏与分馏的区别，分馏的种类及特点。
2. 掌握实验室分馏的操作方法。

【实验原理】

分馏操作在实验室和化学工业中被广泛应用于混合物的分离和纯化。两种或两种以上能互溶的液体混合物，如果它们的沸点比较接近，用简单的蒸馏难以分离，这时可用分馏柱进行多次的汽化—冷凝，从而使低沸点物质与高沸点物质得到分离，即分馏。分馏实际上相当于多次蒸馏。值得注意的是，共沸混合物有固定的组成和沸点，不能通过分馏的方法分离。

分馏与简单蒸馏的不同之处在于蒸馏装置上多一个分馏柱。分馏柱由一支垂直的管子和填充物所组成，可用来提高蒸馏操作效率。当热的蒸馏混合液蒸气上升通过分馏柱时，由于受柱外空气的冷却，挥发性较低的成分易冷凝为液体流回蒸馏烧瓶内，在流回途中与上升的热蒸气相互接触进行热交换，使液体中易挥发组分又受热汽化再上升一次，难挥发组分仍被冷凝下来。如此在分馏柱内反复进行，从而使低沸点成分不断被蒸出。现以图 3-5 来说明这种过程。

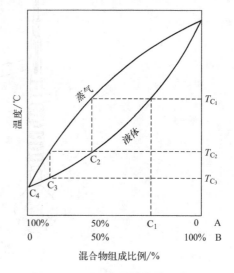

图 3-5 二元理想溶液气液平衡图

组成为 C_1 的原始 A、B 混合物在温度为 T_{C_1} 时沸腾，同时这种蒸气在该温度进入分馏柱。如果它们在柱内冷凝，这种冷凝液的组成为 C_2。该冷凝液在流回途中 T_{C_2} 处又受热汽化，产生组成为 C_3 的蒸气，再冷凝、汽化可得组成为 C_4 的蒸气。如此继续下去，如果分馏柱有足够的高，或具有足够的表面积供多次汽化和冷凝，那么从柱顶出来的蒸馏液将接近于纯 A。这样将持续到分离出所有的 A，随后蒸气的温度升高到 B 的沸点。继续蒸出的液体将接近于纯 B。所以，在分馏柱中，混合物通过多次气液平衡的热交换产生多次的汽化—冷凝—回流—汽化的过程，最终使沸点相近的两组分得到较好的分离。

简言之，分馏柱的作用就是使高沸点组分回流，低沸点组分得到蒸馏的仪器装置（图 3-6）。影响分离效率的因素除混合物的本性外，主要就在于分馏柱设备装置的精密性以及操作的科学性（回流比）。根据设备条件的不同，分馏可分为简单分馏和精馏。目前，最精密的分馏设备已能将沸点相差 1～2 ℃的混合物分开。

【实验准备】

　　仪器：圆底烧瓶，分馏柱，蒸馏头，具塞温度计，直形冷凝管，真空接引管，锥形瓶，烧杯，表面皿，球形冷凝管，抽滤瓶，布氏漏斗，加热装置，恒温电热套，水泵，沸石。

　　药品：工业酒精。

【物理常数】

表 3-3　乙醇的物理常数

化合物	熔点/℃	沸点/℃	相对密度(d_4^{20})	溶解度/[g·(100 g H_2O)$^{-1}$]
乙醇	−114.1	78.3	0.804	∞

【实验装置图】

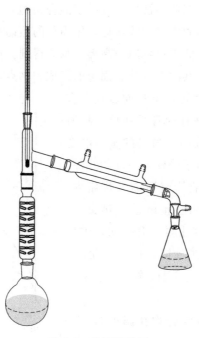

图 3-6　分馏装置图

【实验内容】

1. 分馏

　　在 100 mL 圆底烧瓶中，加入 25 mL 工业酒精和 25 mL 水的混合物，加入几粒沸石，按图 3-6 装好分馏装置[1]，柱的外围可用石棉布包住[2]。仔细检查后用油浴或电热套加热。开始用小火，以使加热均匀，防止过热。当液体开始沸腾时，即见到一圈圈气液沿分馏柱慢慢上升，待其停止上升后，调节电压，提高温度，当蒸气上升到分馏柱顶部，开始有馏出液流出时，马上记下第一滴馏出液落到接收瓶中的温度。调节浴温使得蒸出液体的速度控制在每 2～3 秒 1 滴，这样可以得到比较好的分馏效果[3]，待低沸点组分蒸完后，再渐渐升高温度。当第二个组分蒸出时会产生沸点的迅速上升。这样，按各组分的沸点依次分馏出各组分的液体有机化合物。

2. 实验数据记录

实验中对收集的馏分及相应的沸点值按表3-4格式记录，用坐标纸以馏出液体积为横坐标、温度为纵坐标作图。

表3-4 工业酒精与水混合物的分馏数据记录表

馏液体积/mL	第一滴	5	10	15	20	30	40	45	50
温度/℃									

实验时间约3 h。

【操作要点及注意事项】

［1］混合液中被分馏的组分沸点相差愈小，对分馏柱的要求愈高。例如，分离沸点相差10 ℃左右的混合物，需要较精细的分馏装置；沸点相差25 ℃左右时，可以用简单的分馏装置；沸点相差100 ℃以上，可以不用分馏柱，直接蒸馏即可。精密的分馏或分馏物沸点较高时，应在分馏柱上加保温和恒温装置。沸点高且容易分解的分馏物，要采用减压分馏装置。

［2］为了减少分馏柱热量的散失，一般分馏柱先要用石棉布（或玻璃布）包好。这样可减少柱内热量的散失，减少空气流动和室温的影响。

［3］一般情况下，保持分馏柱内温度梯度是通过调节馏出液速度来实现的。若加热速度快，蒸出速度也快，柱内温度梯度变小，影响分离效果；若加热速度太慢，会使柱身被冷凝液阻塞，产生液泛现象，即上升蒸气把液体冲入冷凝管中。因此，要有足够量的液体从分馏柱流回烧瓶，选择合适的回流比，回流比越大，分离效果越好。

【思考题】

1. 分馏操作时影响分离效率的因素有哪些？

2. 若加热太快，馏出液每秒钟的滴数超过要求量，用分馏法分离两种液体的能力会显著下降，为什么？

3. 为什么分馏柱必须保持足够的回流液（回流比）？

4. 在分离两种沸点相近的液体时，为什么装有填料的分馏柱比不装填料的效率高？

5. 在分馏时通常用水浴或油浴加热，与直接明火加热相比有什么优点？

实验六　水蒸气蒸馏

【安全须知】

要经常检查安全管中的水位是否正常，如发现其突然升高，应立即打开止水夹，移去热源，使水蒸气发生器与大气相通，避免发生事故。

【实验目的】

1. 了解水蒸气蒸馏的原理及应用。
2. 初步掌握水蒸气蒸馏的装置和操作方法。

【实验原理】

水蒸气蒸馏是分离提纯液态或固态有机化合物的常用方法之一。可用水蒸气蒸馏提纯的有机化合物须具备下列条件：被提纯物难溶于水；在 100 ℃左右与水长时间共存不会发生化学变化；在 100 ℃左右必须具有一定的蒸气压（一般不小于 1.33 kPa）。

具备下列特征的组分，用水蒸气蒸馏可实现较好的分离：沸点高的有机化合物，常压下可与副产物分离，但容易被破坏；混合物中含有大量的树脂状或焦油状物质时，采用蒸馏、萃取等方法难于分离；从较多的固体反应物中分离出被吸附的液体。

当与水不相混溶的物质和水一起存在时，根据道尔顿分压定律，混合物的蒸气压 p，应该为水的蒸气压 p_{H_2O} 和该物质的蒸气压 p_A 之和，即：

$$p = p_{H_2O} + p_A$$

p 随温度升高而增大，当温度升高到 p 等于外界大气压时，该混合物开始沸腾。这时的温度为该混合物的沸点，此沸点比混合物中任一组分的沸点都低。因此，对不溶于水的有机物之中，通入水蒸气进行水蒸气蒸馏时，在比该物质沸点低得多、且低于 100 ℃的温度下，就可以使该物质同水蒸气一起蒸馏出来。蒸出的是水和与水不相混溶的物质，很容易分离，从而达到纯化的目的。

当 p 等于外界大气压时，蒸气的组成为

$$\frac{m_A}{m_{H_2O}} = \frac{M_A \cdot p_A}{M_{H_2O} \cdot p_{H_2O}}$$

即伴随水蒸气馏出的有机物 A 和水两者的质量（m_A 和 m_{H_2O}）之比等于两者的分压（p_A 和 p_{H_2O}）分别和各自的分子量（M_A 和 M_{H_2O}）的乘积之比。

按上式计算所得的数值为理论值，因为实验中有一部分水蒸气来不及与被蒸馏物作充分接触便离开蒸馏烧瓶，所以实验蒸出的水量往往超过理论计算值。

【实验准备】

仪器：水蒸气发生器，三颈圆底烧瓶，圆底烧瓶，T 形管，螺旋夹，蒸馏头，直形冷凝管，真空接引管，锥形瓶，三角漏斗，玻璃管，玻璃弯管（90°、120°），分液漏斗，恒温电

热套等。

药品：冬青油，橘皮。

【物理常数】

表 3-5　冬青油的物理常数

化合物	熔点/℃	沸点/℃	相对密度(d_4^{20})	溶解度/[g · (100 g H_2O)$^{-1}$]
冬青油	−8.3	222.3	1.18～1.9	微溶

【实验装置图】

实验常用的水蒸气蒸馏装置，主要包括水蒸气发生器、蒸馏部分、冷凝部分和接收器四个部分，如图 3-7 所示。

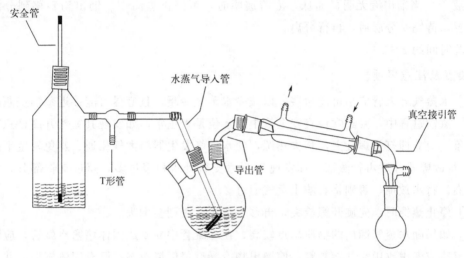

图 3-7　常见水蒸气蒸馏装置

水蒸气发生器一般用金属制成，也可用短颈（长颈）圆底烧瓶代替。作为水蒸气发生器，瓶口配一软木塞，插入长 1 m、直径约 5 mm 的玻璃管作为安全管。图中金属发生器侧面有一支管口与一个 T 形管相连，T 形管的支管套上一短橡皮管，橡皮管上用螺旋夹夹住，T 形管的另一端与蒸馏部分的导管相连。水蒸气导管应尽可能短些，以减少水蒸气的冷凝。T 形管用来除去水蒸气中冷凝下来的水。有时在操作发生异常时，可及时松开螺旋夹，使水蒸气发生器与大气相通。

蒸馏部分通常采用长颈圆底烧瓶或三颈圆底烧瓶，被蒸馏的液体不超过其容积的 1/3。烧瓶斜放与桌面成 45°，这样可以避免由于蒸馏时液体剧烈沸腾而引起液体从导出管冲出沾污馏出液。

若蒸馏部分（盛有待分离的物质）为长颈圆底烧瓶，应配双孔软木塞。一孔插入内径约 9 mm 的水蒸气导入管，它的末端应弯成 135°，使它正对烧瓶底中央，距瓶底约 8～10 mm，另一孔插入内径约 8 mm 导出管，它的弯曲角度约 30°，其末端连接直形冷凝管。由于水蒸气的冷凝热较大，故冷凝水的流速可稍大些。

通过水蒸气发生器安全管中水面的高低，可以判断整个水蒸气蒸馏系统是否畅通，若水面上升很高，则说明有某一部分阻塞住了，这时应立即旋开螺旋夹，移去热源，拆下装置进行检查（一般多数是水蒸气导入管下管被树脂状物质或者焦油状物堵塞）和处理。否则，就有可能发生塞子冲出、液体飞溅的危险。

【实验内容】

按装置图 3-7 安装好水蒸气蒸馏装置[1]，安装顺序遵循自下而上，从左至右的原则。在水蒸气发生器中，加入约占容器 3/4 的水，并加入几粒沸石。在蒸馏烧瓶中加入 5 mL 冬青油（或数片橘子皮）和 5 mL 水作为待蒸馏的液体。先打开 T 形管处的螺旋夹，加热水蒸气发生器至水沸腾，当有大量水蒸气产生，从 T 形管支管冲出时，立即旋紧螺旋夹，水蒸气进入蒸馏部分，开始蒸馏[2]。如由于水蒸气的冷凝而使烧瓶内液体量增加，以至超过烧瓶容积的 2/3 时，或者蒸馏速度不快时，可小火加热，蒸馏速度控制在每秒 2～3 滴为宜，收集馏出液[3]。当馏出液无明显油珠，澄清透明时，可停止蒸馏[4]。馏出物转移到分液漏斗中，静置，待完全分层后，再行分离。

实验时间约 2～3 h。

【操作要点及注意事项】

［1］水蒸气导入管应尽可能短些，以减少水蒸气冷凝，且应尽可能接近蒸馏烧瓶底部。

［2］蒸馏过程中，要经常检查安全管中的水位是否正常，如发现其突然升高，意味着有堵塞现象，应立即打开螺旋夹，移去热源，使水蒸气发生器与大气相通，避免发生事故（如倒吸），待故障排除后再行蒸馏。如发现 T 形管支管处水积聚过多，超过支管部分，也应打开螺旋夹，将水放掉，否则将影响水蒸气通过。

［3］停止蒸馏时，先旋开螺旋夹，再移去热源，否则会倒吸。

［4］如果随水蒸气馏出的物质熔点较高，在冷凝管中易凝成固体堵塞冷凝管，应调小冷凝水的流速或考虑改用空气冷凝管，使馏出物冷凝后仍保持液态；已有固体析出，并要阻塞冷凝管时，可暂时中止冷凝水的流通。

【思考题】

1. 进行水蒸气蒸馏时，水蒸气导入管的末端为什么要插入到接近于容器的底部？

2. 在水蒸气蒸馏过程中，为什么要经常检查安全管中的水位？若水位上升很高说明什么问题？应如何处理？

3. 如何判断水蒸气蒸馏中馏出液中有机组分位于上层还是下层？

实验七　重结晶

【安全须知】

选用低沸点、易燃溶剂的重结晶操作，不得使用明火在敞口体系加热，以免引起火灾。

【实验目的】

1. 学习重结晶法提纯固态有机化合物的原理和方法。
2. 掌握抽滤、热过滤操作和滤纸的折叠、放置方法。

【实验原理】

从有机制备或天然物中得到的固体有机化合物常含有杂质，必须提纯才能得到纯品。提纯固体有机化合物最常用的方法是重结晶。

固体有机物在溶剂中的溶解度随温度变化而改变。通常升高温度溶解度增大，反之则溶解度降低。根据此规律利用合适的溶剂使粗产品溶解在热的溶剂中并形成饱和溶液，然后使之冷却。由于产品和杂质在溶剂中的溶解度不同，杂质在热过滤后被除去或冷却后被留在母液中，从而达到分离提纯的目的。

【实验准备】

仪器：抽滤瓶（1个），布氏漏斗（1个），烧杯，表面皿，恒温电热套，水泵。

药品：乙酰苯胺，活性炭，蒸馏水。

【物理常数】

表 3-6　乙酰苯胺的物理常数

化合物	熔点/℃	沸点/℃	相对密度(d_4^{20})	溶解度/$[g \cdot (100\ g\ H_2O)^{-1}]$
乙酰苯胺	135.17	305	1.14～1.16	0.25(25 ℃)

【实验方法】

1. 重结晶溶剂的选择

选用的溶剂必须具备以下条件：①不能与重结晶物质发生化学反应；②重结晶物质与杂质在溶剂中的溶解度有较大的差别；③重结晶物质的溶解度随温度的不同有显著的变化；④溶剂与重结晶的物质易分离；⑤无毒或毒性很小，价格便宜，操作安全，易于回收。

重结晶常用的溶剂见表 3-7。

表 3-7　常用重结晶溶剂的物理常数

溶剂	沸点/℃	易燃性	与水的互溶性
水	100.0	0	—
甲醇	64.7	+	+
95%乙醇	78.0	++	+

续表

溶剂	沸点/℃	易燃性	与水的互溶性
丙酮	56.2	+++	+
无水乙醇	78.3	++	+
乙醚	34.6	++++	—
石油醚	30~150	++++	—
乙酸乙酯	77.1	++	—
苯	80.1	++++	—
氯仿	61.2	0	—

（1）查阅资料　待重结晶的化合物若为已知物，可以通过查阅试剂手册或辞典了解其在不同溶剂中的溶解性能，以确定重结晶溶剂。

（2）试验方法　如果找不到合适的溶剂，可通过溶解度试验来确定所用溶剂及用量。具体操作如下：

取 0.1 g 待结晶的固体于试管中，用滴管将某一溶剂逐滴加入，不断振摇试管，注意观察是否溶解。当加入的溶剂接近 1 mL 时，间接加热混合物使沸腾（注意小心易燃剂着火！），若此物质能完全溶于沸腾的溶剂，即表示该溶剂不适用。若不溶解，可逐步添加溶剂，每次约加 0.5 mL，并继续加热使沸腾。若该物质能溶于 3 mL 以内的热溶剂中，则将试管进行冷却观察有无结晶体析出。必要时可用玻璃棒摩擦试管内壁。

按上述方法，如发现几种溶剂都符合溶解要求时，可通过比较回收率、晶形、溶剂易燃性、毒性和价格等选择出重结晶溶剂。如果单一溶剂不合适，也可使用混合溶剂。混合溶剂一般由两种能以任何比例互溶的溶剂组成，其中一种较易溶解结晶，另一种较难溶解。一般常用的混合溶剂有：乙醇-水，乙酸乙酯-石油醚，丙酮-水，乙醚-无水乙醇，甲醇-水等。

2. 热饱和溶液的制备

选择水作溶剂时，可在烧杯或锥形瓶中加热溶解样品；而用有机溶剂时，为避免溶剂挥发和燃烧，必须在回流装置（见图 3-8）中加热溶解样品[1]，加热期间添加溶剂时应从冷凝管上端加入。溶剂的用量应从两方面来考虑：一方面为减少溶解损失，溶剂应尽可能避免过量；另一方面溶剂过量太少又会在热过滤时因温度降低和溶剂挥发造成过多结晶在滤纸上析出而降低收率。因此，要通过重结晶得到较纯产品和较高收率，溶剂的用量要适当，一般溶剂过量 20％左右为宜。

图 3-8　普通回流装置

若用混合溶剂重结晶，制备热溶液的方法是将待结晶的物质溶解于溶解度大的热溶剂中，热过滤，然后滴加另一溶解度小的热溶剂，至刚混浊为止，然后加热促使溶液澄清。

3. 脱色（如果不含有色杂质，可省去这一步）

溶液中若含有色杂质，可加入适量的活性炭脱色。活性炭用量以能完全除去颜色为宜，一般为粗品量的 1％～5％。活性炭太多将会吸附一部分被纯化的物质而造成损失。加入活性炭时，应先移开火源，待溶液稍冷后再加入，并不时搅拌或摇动以防暴沸。活性炭加入后，再继续加热，一般煮沸 5～10 min。如一次脱色不好，可重复操作。

4. 热过滤（如果没有不溶性杂质，溶液又是澄清的，可省去这一步）

热过滤装置如图 3-9 所示。热过滤时为避免溶液在漏斗颈部因遇冷析出晶体而造成颈部堵塞，需选用短颈漏斗，过滤前须将漏斗放在烘箱或红外灯下预先烘热后使用。漏斗上面放一折叠好的菊形滤纸（折叠方法见图 3-10），其高度应略高于漏斗，且使滤纸向外突出的边紧贴于漏斗壁上。将沸腾的溶液迅速倒入滤纸中，液面要略低于滤纸上部边缘。若一次倾倒不完，需将未过滤溶液继续用小火加热以免冷却析出晶体。为减少溶剂挥发，可在漏斗上方盖一表面皿。如果是水作溶剂，可将盛滤液的锥形瓶用小火加热，以避免过滤时因温度下降而在滤纸上析出结晶 ［图 3-9(a)］。对于极易结晶析出的物质，或过滤的溶液量较大时，可采用保温漏斗过滤 ［图 3-9(b)］。

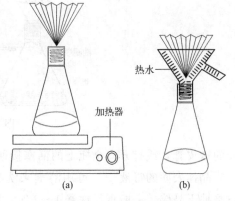

图 3-9　热过滤装置

图 3-10　菊形滤纸的折叠

5. 结晶

将热滤液静置，放在室温中慢慢冷却，晶体就会慢慢析出，这样析出的晶体颗粒较大，而且均匀纯净。若将滤液浸在冷水里快速冷却或振摇溶液，析出的晶体不仅颗粒较小，而且因表面积大会使晶体表面从溶液中吸附较多的杂质而影响纯度。但析出的晶体颗粒也不能过大（约超过 2 mm），因为晶体过大会在结晶中夹杂溶液，致使晶体干燥困难。如果看到有大体积晶体正在形成，可通过振摇来降低晶体的平均大小。冷却后若晶体不析出，可用玻璃棒摩擦器壁，或投入晶种，使晶体析出。

6. 晶体的收集

为将充分冷却的晶体从母液中分离出来，通常采用布氏漏斗进行抽气过滤（图 3-11）。

抽滤瓶与抽气装置水循环真空泵间用较耐压的橡皮管连接（最好二者中间连一安全瓶，以免因操作不慎造成水泵中的水倒吸至抽滤瓶中）。布氏漏斗中圆形滤纸的直径要比漏斗的内径略小，抽滤前先用少量溶剂将滤纸润湿，再打开水泵使滤纸吸紧，以防止晶体在抽滤时自滤纸边沿的缝隙处吸入瓶中。将晶体和母液小心倒入布氏漏斗中（也可借助钢铲或玻璃棒），瓶壁上残留的结晶可用少量滤液冲洗数次一并转移到布氏漏斗中，把母液尽量抽尽，必要时可用钢铲挤压晶体，以便抽干晶体吸附的含有杂质的母液。然后拔下连在抽滤瓶支管

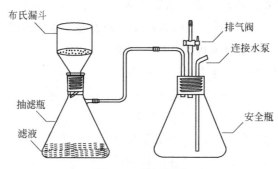

图 3-11　抽滤装置

处的橡皮管，或打开安全瓶上的活塞接通大气，避免水倒流。

晶体表面的母液[2]，可用溶剂来洗涤。用滴管取少量溶剂滴加在晶体上，再次连接真空泵抽干晶体。一般重复洗涤 1～2 次，即可使晶体表面的母液全部去除。滴加溶剂润湿晶体时，要断开连在抽滤瓶上的橡胶管。

7. 结晶的干燥

抽滤洗涤后的结晶，表面上还吸附有少量溶剂，需要通过适当的干燥方法进行干燥，以除去溶剂。晶体彻底干燥后才能测其熔点，以检验其纯度。

若晶体不吸水，可以放置在空气中自然晾干。对热稳定的化合物，可以在至少低于该化合物熔点 20 ℃的烘箱中或红外灯下烘干。如果结晶容易吸潮，可将样品放在真空干燥器中干燥。需要注意的是，常压下容易升华的结晶不可加热干燥。

【实验内容】

取 2 g 粗乙酰苯胺，放于装有 50 mL 水的 100 mL 圆底烧瓶中[3]，在电热套上加热至沸腾[4]（注意用玻璃棒不断搅动至样品溶解）。若不溶，可适当补加溶剂。移去热源，稍冷后加入 0.1 g 活性炭，稍加搅拌后继续加热微沸 5～10 min。准备好烘热的短颈漏斗和菊形折叠滤纸，将上述沸腾溶液趁热过滤到烧杯中。滤毕，滤液静置自然冷却至室温，结晶析出，再用冷水冷却以使结晶完全。结晶完成后，用抽滤装置进行抽滤（用母液转移残余结晶），并用钢铲挤压结晶，使母液尽量除去。断开抽气装置，用少量冷水洗涤晶体，再抽干。重复洗涤过程 1～2 次后，将晶体转移到培养皿中，摊开成薄层，盖上纸后自然干燥。称重，计算收率，测定其熔点。

实验时间约 3 h。

【操作要点及注意事项】

[1] 在溶解预纯化的化学试剂时，要严格遵守实验室安全操作规程。加热易燃、易爆溶剂时，严禁明火。补加溶剂时要注意，溶液如被冷却到其沸点以下，防暴沸的沸石就不再有效，需要添加新的沸石。

乙酰苯胺晶体的
形成

[2] 结晶的速度有时很慢，冷溶液的结晶有时要数小时才能完全。在某些情况下，数星期或数月后还会有晶体继续析出，所以不应过早将母液弃去。

[3] 如因煮沸的时间太长，溶剂蒸发损失，应补加适量的溶剂。

[4] 若出现油状物，应继续加热并搅拌，或添加溶剂使之全部溶解。乙酰苯胺溶液不宜

长时间煮沸。

【思考题】

1. 重结晶时，溶剂的用量为什么不能过量太多，也不能过少？

2. 用活性炭脱色为什么要待固体完全溶解后才加入？为什么不能在溶液沸腾时加入？

3. 使用有机溶剂重结晶时，哪些操作容易着火？怎样才能避免呢？

4. 用水重结晶乙酰苯胺，在溶解过程中有无油状物出现？若出现，该油状物是什么？

实验八　熔点的测定

【安全须知】

浓硫酸具有强腐蚀性，用浓硫酸作导热液时要戴护目镜，注意不要沾到皮肤上或溅到眼睛里。

【实验目的】

了解提勒管法测定熔点的基本原理和熔点测定的意义。

【实验原理】

通常当物质受热到一定温度时，从固态转变为液态，此时的温度即为该物质的熔点（melting point，m. p.）。在实际测定实验中，有机化合物开始熔化到完全熔化存在一个温度区间，称为熔程（熔距或熔点范围）。一般来说，纯固体物质（晶体）具有一定的熔点，同时熔距也很短（0.5～1 ℃），若固体物质中含有少量杂质，多数情况下将导致熔点下降，熔距拉长。因此，熔点的测定常可用于鉴定有机物和定性地检验物质的纯度。

在一定的温度和压力下，将某一化合物的固液两相放在同一容器中，通常把固液共存的温度称为熔点。固液两相的比例可由相图，即该化合物的蒸气压与温度关系的曲线判断。所以，若需准确测定某化合物的熔点，必须借助于相图（见图 3-12）。图 3-12(a) 表示固相的蒸气压和温度关系，图 3-12(b) 表示液相的蒸气压和温度关系，将两曲线加合即得图 3-12(c) 曲线，两曲线相交于 M 点，固液两相在该点可共存，此时的温度 T_m 即为该化合物的熔点。

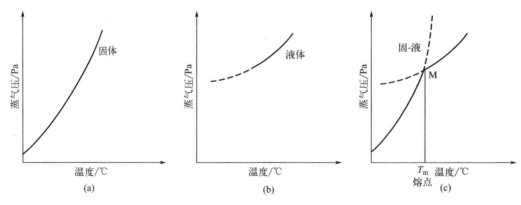

图 3-12　蒸气压和温度关系曲线图

然而，大多数有机化合物的熔点在实际中多采用提勒（Thiele）管毛细管法或显微熔点测定法测定，我们能观测到固体开始熔化到完全熔化的温度变化，通常将这一温度范围称为熔程，这个熔程可视作该化合物的熔点。

【实验准备】

仪器：提勒（Thiele）管，水银温度计，酒精灯，已洗净烘干的软质薄壁玻璃管（内径 5 mm，长 8~9 cm），毛细管，橡皮圈，表面皿，熔点测定仪等。

药品：α-萘酚，苯甲酸，乙酰苯胺，液体石蜡（导热液）。

【物理常数】

表 3-8　待测样品的熔点参考值

化合物名称	熔点/℃	
	文献值	实测值
α-萘酚	96	94~96(CP)
苯甲酸	122.4	121~123（AR），120~123(CP)
乙酰苯胺	114	113~114(CP)

注：AR 为分析纯；CP 为化学纯。

【实验装置图】

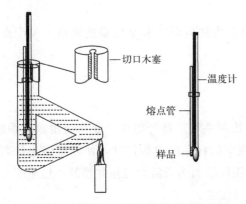

图 3-13　提勒（Thiele）管熔点测定装置

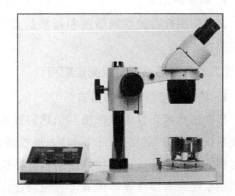

图 3-14　显微熔点测定仪

【实验内容】

（一）提勒（Thiele）管毛细管熔点测定法

1. 毛细熔点管的制作

熔点测定用毛细管的要求：毛细管内径为 0.9~1.1 mm，管壁厚为 0.1~0.2 mm，长 15~20 cm，粗细均匀，管口平整，两端封口[1]，封口外

熔点的测定

不能弯，不能鼓成小球，管壁厚薄要均匀。取用前要检查封口是否完好（把封口一端插入水中，毛细管内不得进水）。

2. 样品的填装[2]

取绿豆大小（10~20 mg）的干燥样品，置于表面皿上研成细粉状，将其聚成一堆，将毛细管开口的一端垂直插入其中，有少量样品进入毛细管。再将一根长 40~50 cm 的玻璃管置于表面皿上，把装有样品的毛细管开口朝上由玻璃管中自由落下，反复数次，样品则紧密平整地填装在毛细管底部，所装样品高 2~3 mm。

3. 熔点的测定

测定熔点最常用的仪器是提勒管（Thiele 管），又称 b 形管（图 3-13），管口配有缺口的单孔软木塞，插入温度计使其水银球位于两支管的中间。装入浴液[3]，使液面达到 b 形管的叉管处。将 b 形管夹在铁支架上，装有样品的毛细管是利用浴液的表面张力黏附在温度计上的（也可用橡皮圈固定），毛细管底部应置于水银球的底部。

样品和仪器装好[4] 后，开始加热[5]，开始温度上升速率为 5～6 ℃/min，加热到与所预期的熔点相差 10～15 ℃时改用小火，使温度每分钟上升约 1～1.5 ℃（对于未知物，可粗测一次，加热较快，找到大致的熔点范围后，另装一支毛细管细测），仔细观察温度计度数和样品变化的情况，待样品出现小液滴时，表示已开始熔融（初熔），至全部透明则表示完全熔融（全熔）。记录初熔和全熔温度，二者之差为熔距。第二次测定时，需待浴液温度降至熔点以下 30 ℃左右，更换毛细管再行加热测定。两次测定的误差不能大于±1 ℃。

对于易分解的样品（在达到熔点时，可见其颜色变化，样品有膨胀和上升现象），可把浴液预热到距熔点 20 ℃左右，再插入样品毛细管，改用小火加热测定。若是易升华的物质，装入毛细管后，可将毛细管上端封闭再行测定。

4. 熔点的记录

记录所测样品的粗测熔点和精测熔点[6]。熔点为初熔温度和全熔温度这两个温度点的读数范围。

（二）显微熔点测定仪测定熔点

1. 显微熔点测定仪的组成

显微熔点测定仪由显微镜、加热装置和温度控制系统三部分组成。显微镜由放大系统、调焦系统和目镜等组成（图 3-14）。通过增大被观察的样品的投影尺寸，使样品熔化状态易于观察。加热装置通过电加热控制，能够快速提供样品加热所需的能量并控制加热速度。温度控制系统带有温度显示屏幕，方便快速读取样品温度。

2. 测定方法

取适量待测样品（不大于 0.1 mg）放在一片载玻片上，注意样品应分布均匀，盖上另一片载玻片。用镊子将装有样品的载玻片置于加热台中心，盖上隔热玻璃，打开灯光，调节显微镜高度，直到从目镜中能清晰地看到待测样品形态为止。开启加热器，用调压变压器控制加热速度。根据待测物的温度值，控制粗调温旋钮 1 或精调温旋钮 2，控制温度变化为前段升温迅速、中段升温渐慢，后段升温平缓。当温度上升到距待测物熔点值以下 10 ℃左右，加热速度控制在每分钟 1.0～1.5 ℃。熔化开始后记录初熔温度和全熔温度，重复测量 2 次[7] 实验结束后，用镊子将载玻片取出，关闭电源。

实验时间约 2～3 h。

【操作要点及注意事项】

[1] 封口：将毛细管一端呈 45°角置于小火边沿处，边旋转边加热，封口一经合拢立即移出。做到封口严密，无弯扭或结球。

[2] 试料要研细（受潮的试料应事先干燥），填充装得要均匀、结实，否则样品颗粒间传热不好，使熔距变长。

〔3〕常用的浴液是液体石蜡或浓硫酸。<140 ℃可用液体石蜡或甘油（药用液体石蜡可加热至 220 ℃仍不变色）。用浓硫酸作导热液时，若浓硫酸变黑，可加一些硝酸钾晶体。

〔4〕仪器安装好的标准：装好试料的熔点管用橡皮圈套附在温度计上；试料部分位于温度计水银球的中部；温度计在提勒管的中心轴线上；水银球的高度位于提勒管上、下两岔口中间；导热液的液面略高于提勒管上岔口即可。

〔5〕升温速度是测得的熔点数据准确与否的关键。在加热过程中，样品会发毛，变圆形，这通常是熔融的前兆，此时务必注意控制好温度上升的速度。

〔6〕记录熔点时，不可将初熔温度与全熔温度取平均值记录，若物质 120 ℃时开始收缩，121 ℃开始出现液滴，122 ℃全部液化，熔程的记录应该是 121～122 ℃。

〔7〕第 1 次测量完毕后，可用金属散热器冷却后置于加热台上使之快速降温，放置数秒后拿下金属散热器并用水冷却后重复使用，不得用手直接接触加热台，以免烫伤。

【思考题】

1. 是否能使用第一次测定熔点已经熔化的试样使其固化后做第二次测定？

2. 请利用已有的知识或查阅资料分析在测定熔点的过程中出现以下现象的结果并解释之。(1) 熔点管不洁净；(2) 试样研得不细或装得不实；(3) 加热太快。

3. 为什么样品毛细管底部应置于温度计水银球的中部？

4. 药典中对化合物的熔点测定方法和测定装置有什么规定吗？请查阅后介绍其测定步骤。

实验九　旋光度的测定

【实验目的】

1. 掌握旋光度的测定方法。
2. 了解旋光仪的工作原理和构造。
3. 学习通过旋光度测定计算比旋光度及确定浓度的方法。

【实验原理】

依据物质的光学性质，化合物可分为两大类：一类能使平面偏振光的振动面旋转一定的角度，如乳酸和葡萄糖等，称为旋光性物质或光学活性物质（optical active substance）；另一类则没有旋光性。旋光性物质的分子与其镜影不能重合，即具有手性（chirality）。旋光度（optical rotation）是指光学活性物质使平面偏振光的振动面旋转的角度，即平面偏振光通过一个具有手性的物质时，两种圆偏振光就会以不同速度前进，结果引起振动面向左或右旋转一定角度（通常用 α 表示）。手性分子在自然界中广泛存在，在生物体内会产生特殊的生理作用。测定旋光度，对于研究它们的理化性质和分子结构有重要的意义。

定量测定溶液或液体旋光程度的仪器称为旋光仪，其工作原理见图 3-15。常用的旋光仪主要由光源、起偏镜、样品管和检偏镜几部分组成。光源常为钠光灯（钠光谱中 D 线对应的单色光波长 $\lambda = 584.3\ \mathrm{nm}$）；起偏镜是一个固定不动的尼可尔棱镜，它像栅栏一样使光源发出的光只有与振动面和棱镜镜轴平行的才能通过，变成只在一个平面振动的平面偏振光；样品管装待测的液体或溶液；检偏镜是一个能转动的尼可尔棱镜，用来测定物质偏振光振动面的旋转角度和方向，并可读出数值。

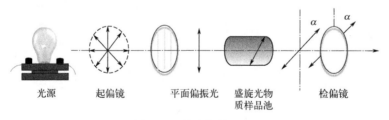

光源　　起偏镜　　平面偏振光　　盛旋光物　　检偏镜
　　　　　　　　　　　　　　质样品池

图 3-15　旋光仪的组成

测定旋光度时，溶液的浓度、溶剂种类、温度、旋光管长度和所用光源的波长的改变都会引起旋光度值的改变。因此，常用比旋光度（specific rotation）$[\alpha]_{\lambda}^{t}$ 来表示各物质的旋光性。当光源、温度和溶剂固定时，旋光度是一个只与分子结构有关的表征旋光性物质的特征常数。

如果测定的旋光性物质为溶液，则：

$$[\alpha]_{\lambda}^{t} = \frac{\alpha}{cl}$$

如果测定的旋光性物质为纯液体，则：

$$[\alpha]_\lambda^t = \frac{\alpha}{lp}$$

式中　$[\alpha]_\lambda^t$——t ℃、光源波长为 λ 时的比旋光度；

λ——所用光源的波长，通常是钠光源，以 D 表示，m；

t——测定时的温度，℃；

α——所测得的旋光度，(°)；

l——样品管的长度，dm；

c——溶液浓度，以 1 mL 溶液中所含溶质的质量表示，g/mL；

p——液体密度，g/cm³。

【实验准备】

仪器：WXG-4 圆盘旋光仪，旋光管（1 支），容量瓶（10 mL），胶头滴管（1 支）。

药品：葡萄糖、蒸馏水。

【实验内容】

1. 旋光仪零点的校正

在测定样品前，需要先校正旋光仪的零点。将旋光管清洗干净，由一端向管内注入蒸馏水，使液面凸出管口，将护玻片沿管口边缘轻轻平推盖好，尽量不带入气泡，然后旋上螺丝帽盖，使不漏水，但不要旋得过紧，以免护玻片产生应力，造成误差。若旋光管内存有小气泡，可赶至旋光管凸出部分，避免处在光路上，影响测定结果。将旋光管外部擦干，放入旋光仪的暗室内，合上盖子，开启钠光灯约 10 min，待发光正常后进行测量。调节目镜使视野清晰，再旋转粗动、微动手轮，使视场内的三分视野消失，钠光和起偏镜[1]部分的亮度均一，记下刻度盘读数。重复操作 3 次，取平均值，即为旋光仪的零点（$\alpha_{零点}$）。

$$\alpha_{校正} = \alpha_{测量} - \alpha_{零点}$$

2. 旋光度的测定

准确称取 2.5 g 葡萄糖，在 10 mL 容量瓶中配成溶液，选择长度适宜的旋光管[2]，一般旋光度数小或溶液浓度稀时用较长的旋光管。待测液若不澄明时需过滤。将待测液充满样品管后，旋上螺帽至不漏水，测定其旋光度（测定之前必须用待测溶液润洗旋光管两次，以免受污物影响）。这时

旋光度的测定

所得的读数与零点之间的差值即为该物质的旋光度。记下旋光管的长度及溶液的温度，读取数值，重复测定 3 次取平均值作为测定结果。

3. 计算比旋光度

测得旋光度后，计算出比旋光度。因同一旋光物质溶于不同溶剂测得的旋光度可能完全不同，因此必须注明所使用的溶剂。

实验时间约 2～3 h[3]。

【操作要点及注意事项】

[1] 所有镜片不得用手、不洁或硬质布、纸擦拭，应用擦镜纸擦拭。

[2] 旋光管用后要及时将溶液倒出，用蒸馏水洗净，抹干放好。

[3] 仪器连续使用时间不宜超过 4 h，如使用时间过长，应熄灯 10～15 min 待灯冷却后

再继续使用，否则影响灯的寿命。

【思考题】

1. 某旋光性物质，在 1 dm 旋光管中测得其旋光度为＋30°，怎样用实验证明它的比旋光度确是＋30°而不是－30°？

2. 已知葡萄糖在水中的比旋光度 $[\alpha]_D^{20}$ 为＋52.5°，将某葡萄糖水溶液放在 1 dm 长的旋光管中，在 20 ℃测得其旋光度为＋3.2°，求该溶液的浓度。

3. 比旋光度是光学活性物质的特性参数，如何利用比旋光度计算对映体过量（ee）值？

4. 测定液体旋光度时，要注意哪些问题？

5. 除了本实验所使用的目测旋光法外，自动旋光法也是一种重要的测定方法。请自主查阅文献资料，了解自动旋光仪的构造和原理，撰写一份自动旋光法测定旋光度的实验设计报告。

第四章

基础有机合成实验

实验十 绝对乙醇的制备

【安全须知】

金属钠遇水或酸极易燃烧爆炸。切金属钠后沾有钠屑的纸不得随意丢弃。

【实验目的】

1. 掌握制备绝对乙醇的原理和方法。
2. 巩固干燥操作及干燥剂的使用。
3. 学习进行无水操作的方法，学习防潮回流及防潮蒸馏操作。

【实验原理】

乙醇（ethyl alcohol），俗称酒精，可用作燃料、溶剂和消毒剂，在有机合成中应用广泛。乙醇在常温常压下是一种易挥发的无色透明液体，毒性较低，可以与水以任意比互溶。95％乙醇中含有少量的水。若要得到含量较高的乙醇，如无水乙醇和绝对乙醇，不能以直接蒸馏95％的乙醇来制取，这是由于乙醇与水可形成恒沸混合物。

实验室中若制备无水乙醇，通常在95％乙醇中加入氧化钙（生石灰）与之加热回流，使乙醇中的水与氧化钙作用，生成不挥发的氢氧化钙来除去水分，这样制得的无水乙醇，纯度最高可达99.5％。如果要得到纯度更高的绝对乙醇，可用金属镁和金属钠进一步处理，反应方程式如下：

$$2C_2H_5OH + Mg \longrightarrow (C_2H_5O)_2Mg + H_2 \uparrow$$
$$(C_2H_5O)_2Mg + H_2O \longrightarrow 2C_2H_5OH + MgO$$

或

$$C_2H_5OH + Na \longrightarrow C_2H_5ONa + 1/2H_2 \uparrow$$
$$C_2H_5ONa + H_2O \longrightarrow C_2H_5OH + NaOH$$

【实验准备】

仪器：圆底烧瓶，温度计，蒸馏头，真空接引管，锥形瓶，球形冷凝管，直形冷凝管，圆底烧瓶，氯化钙干燥管，恒温电热套，升降台。

药品：无水乙醇，金属钠，邻苯二甲酸二乙酯，镁条或镁屑，碘片。

【实验装置图】

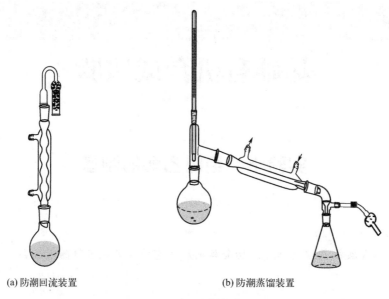

(a) 防潮回流装置　　　　　　　　　　　(b) 防潮蒸馏装置

图 4-1　绝对乙醇制备装置图

【实验内容】

1. 用金属钠制取绝对乙醇

按图 4-1(a) 安装防潮回流装置（在球形冷凝管上端接氯化钙干燥管[1]）在 250 mL 圆底烧瓶中，放置 2 g 金属钠[2]和 100 mL 99.5% 的无水乙醇，加入几粒沸石，于电热套上加热回流 30 min 后，放入 4 g 邻苯二甲酸二乙酯，继续回流 10 min。将球形冷凝管改成直形冷凝管，搭建防潮蒸馏装置 [图 4-1(b)]，按收集无水乙醇的要求进行蒸馏，收集产品储于干燥容器中。

2. 用金属镁制取绝对乙醇

搭建防潮回流装置，于 100 mL 圆底烧瓶中加入 0.6 g 干燥镁粉和 10 mL 99.5% 无水乙醇，在电热套上微热，移去热源，投入 2～3 粒碘片[3]（注意不要振摇，此时碘周围立即产生气泡），很快气泡增多，最后可达到相当激烈的程度。当镁粉反应完毕后，加入 50 mL 无水乙醇和沸石，回流加热 30 min，迅速改成防潮蒸馏装置，收集馏出液，产品储存于干燥器中。记录收集液体的体积和沸点。

纯粹乙醇的沸点为 78.3 ℃。

实验时间约 2～3 h。

【操作要点及注意事项】

[1] 本实验中所用仪器均需彻底干燥。

[2] 应用镊子取出金属钠后，先用滤纸吸去黏附的溶剂和污垢，再用小刀切去表面的氧化层，切成若干小条。切下来的钠屑应按照规定处置，切勿与滤纸一起投入废物缸中或用水冲洗，以免引起燃烧爆炸及其他事故。

[3] 碘片可加速反应进行，如果加碘片后仍不开始反应，可再加几粒，若反应仍很缓

慢，可适当加热促使反应进行。

【思考题】

1. 制备无水试剂时，为什么在加热回流和蒸馏时冷凝管的顶端和接液管支管上要装置氯化钙干燥管？

2. 回流在有机制备中有何优点？为什么在回流装置中要用球形冷凝管？

3. 用金属钠制备绝对乙醇的实验中为什么加入邻苯二甲酸二乙酯？

4. 请查阅文献资料了解无水四氢呋喃的实验室制备方法，试设计该实验方案，并画出可能用到的装置图。

实验十一　1-溴丁烷的制备

【安全须知】

浓硫酸有强烈的腐蚀性，若触及皮肤，应先用布擦去或用 $Na_2S_2O_3$ 溶液冲洗，再用大量水冲洗干净。实验中有酸性气体产生，应注意通风。

【实验目的】

1. 掌握由醇制备卤代烃的原理和操作技能。
2. 学习回流操作和反应中产生有害气体的处理方法。
3. 巩固折射率的测定操作。

【实验原理】

溴丁烷，又名 1-溴丁烷（1-bromo butane），为无色透明液体，沸点约为 100.5 ℃，密度 1.2687 g/mL，不溶于水，易溶于乙醇、乙醚、丙酮等有机溶剂，可用作有机溶剂及有机合成时的烷基化试剂及中间体，也可用作医药原料。实验室通常采用正丁醇与溴化氢发生亲核取代反应（nucleophilic substitution reaction）来制取。反应式如下：

主反应：

$$NaBr + H_2SO_4 \longrightarrow HBr + NaHSO_4$$

$$n\text{-}C_4H_9OH + HBr \underset{}{\overset{H_2SO_4}{\rightleftharpoons}} n\text{-}C_4H_9Br + H_2O$$

本实验主反应为可逆反应，为提高产率，反应时采用溴化氢过量，并用溴化钠和浓硫酸代替溴化氢，边生成溴化氢边参与反应，以提高溴化氢的利用率。浓硫酸在反应体系中还起到催化脱水剂作用。

反应时硫酸应缓慢加入，温度也不宜过高，否则易发生下列副反应：

$$n\text{-}C_4H_9OH \xrightarrow[\triangle]{H_2SO_4} C_4H_8 + H_2O$$

$$2n\text{-}C_4H_9OH \xrightarrow[\triangle]{H_2SO_4} (n\text{-}C_4H_9OH)_2O + H_2O$$

$$2HBr + H_2SO_4 \Longrightarrow Br_2 + SO_2 \uparrow + 2H_2O$$

反应中，为防止反应物正丁醇被蒸出，采用了回流装置。由于溴化氢有毒，为防止溴化氢逸出，安装了气体吸收装置。生成的 1-溴丁烷中混有过量的溴化氢、硫酸、未完全转化的正丁醇及副产物烯烃、醚类等，经过洗涤、干燥和蒸馏予以除去。

【实验准备】

仪器：圆底烧瓶，球形冷凝管，三角漏斗，蒸馏烧瓶，直形冷凝管，真空接引管，分液漏斗，温度计，锥形瓶，恒温电热套等。

药品：正丁醇，溴化钠，浓硫酸，10%碳酸钠溶液，无水氯化钙等。

【物理常数】

表 4-1 原料产品的物理常数

药品名称	分子量	熔点/℃	沸点/℃	相对密度(d_4^{20})	溶解度/[g·(100 g H_2O)$^{-1}$]
正丁醇	74.12	−89.5	117.2	0.8098	7.9
1-溴丁烷	137.02	−112.4	100.5	1.2687	不溶
溴化钠	102.89	747.0	1390.0	3.2030	易溶
浓硫酸	98.08	10.49	338.0	1.8400	易溶

【实验装置图】

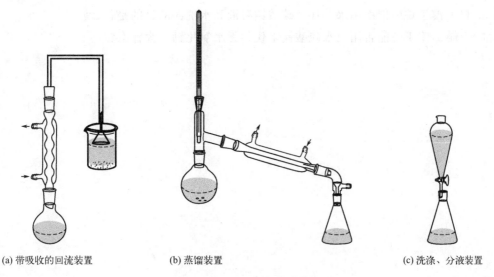

(a) 带吸收的回流装置　　　(b) 蒸馏装置　　　(c) 洗涤、分液装置

图 4-2　1-溴丁烷的制备实验装置图

【实验内容】

(1) 在 100 mL 圆底烧瓶中，先加入 15 mL 水，再慢慢加入 15 mL 浓硫酸，混合均匀并冷却至室温。继续加入正丁醇 10 mL、溴化钠（使用前需研细）12.5 g，充分振摇[1]，再投入几粒沸石。装上球形冷凝管及气体吸收装置[2] [参见图 4-2(a)]。用电热套加热，缓慢升温，使反应呈微沸，并经常振摇烧瓶，回流约 1 h。

(2) 冷却后，改为蒸馏装置 [参见图 4-2(b)]，添加沸石，蒸馏至无油滴落下为止[3]，烧瓶中的残液趁热倒入废液缸中，以防止硫酸氢钠冷却后结块不易倒出。

(3) 将蒸出的 1-溴丁烷转入分液漏斗中，用 15 mL 水洗涤[4]，小心地将下层粗产品转入另一干燥的分液漏斗中，用 5 mL 浓硫酸洗涤，除去正丁醚和丁烯等杂质。分去下层酸液，有机层依次用水、碳酸钠溶液和水各 10 mL 洗涤。将下层产品放入干燥的小锥形瓶中。

(4) 加入 2 g 无水氯化钙干燥，配上塞子，充分摇动至液体澄清，并静置 30 min 干燥。将干燥后的液体转移至 100 mL 蒸馏烧瓶中，投入 1～2 粒沸石，加热蒸馏，收集 99～103 ℃馏分，称重并计算产率。

实验时间约 4～6 h。

【操作要点及注意事项】

　　[1] 如在加料过程中及反应回流时不摇动，将影响产量。

　　[2] 吸收液用水即可。漏斗口恰好接触到水面，切勿浸入水中，以免倒吸。

　　[3] 判断 1-溴丁烷是否蒸完，可用以下方法：若馏出液由混浊变为澄清，则说明已蒸馏完；或取一支试管收集几滴馏出液，加入少许水摇动，观察是否有油珠出现。

　　[4] 用水洗去溶在 1-溴丁烷中的溴化氢，否则滴加浓硫酸溶液会变红并有白烟产生。

【思考题】

　　1. 实验中为什么加入水和浓硫酸体积比 1∶1 的硫酸？

　　2. 加热后为什么反应液呈红色？应如何除去？

　　3. 粗 1-溴丁烷中依次用水、10％碳酸钠溶液和水洗涤的目的是什么？

　　4. 干燥 1-溴丁烷能否用无水硫酸镁来代替无水氯化钙，为什么？

实验十二　乙酸乙酯的制备

【安全须知】

冰醋酸对皮肤有腐蚀作用，取用时应小心。浓硫酸有强烈的腐蚀性，若触及皮肤，应先用布擦去或用 $Na_2S_2O_3$ 溶液冲洗，再用大量水冲洗干净。

【实验目的】

1. 通过乙酸乙酯的制备，学习并掌握羧酸的酯化反应原理和基本操作。
2. 熟练蒸馏、洗涤、干燥等基本操作。

【实验原理】

羧酸和醇在酸催化下，酸分子中羧基上的羟基被醇分子中的烷氧基取代，脱去一分子水而生成酯，称酯化反应（esterification reaction）。本实验利用乙醇与乙酸在浓硫酸作用下脱水制备乙酸乙酯（ethyl acetate）。反应方程式如下：

$$CH_3COOH + CH_3CH_2OH \xrightarrow[110\sim120\ ℃]{H_2SO_4} CH_3COOC_2H_5 + H_2O$$

该反应是可逆反应，实验中采用乙醇过量，并利用乙酸乙酯与水、乙醇形成低沸点共沸物的特性，及时转移生成的水和乙酸乙酯，提高酯的产量[1]。浓硫酸在反应中起到催化剂作用和脱水作用。

乙酸乙酯是无色易燃的液体，具有水果香味，可作为香料原料，用于菠萝、香蕉等水果香精的原料。乙酸乙酯也是一种重要的有机化工原料和极好的工业溶剂，可用于涂料、黏合剂、人造纤维等产品中，也可用于医药、有机酸等产品的生产。

【实验准备】

仪器：三颈圆底烧瓶，恒压滴液漏斗，蒸馏烧瓶，蒸馏头，温度计，直形冷凝管，真空接引管，锥形瓶，分液漏斗，恒温电热套等。

药品：乙醇，冰醋酸，浓硫酸，饱和碳酸钠溶液，饱和食盐水，饱和氯化钙溶液，无水硫酸镁。

【物理常数】

表 4-2　主要原料及产品的物理常数

药品名称	分子量	物态	相对密度 (d_4^{20})	熔点/℃	沸点/℃	溶解度/[g·(100 g H₂O)⁻¹]		
						水	乙醇	乙醚
乙醇	46.07	无色液体	0.783	−114.1	78.3	∞	∞	∞
冰醋酸	60.05	无色液体	1.049	16.6	117.9	∞	∞	∞
乙酸乙酯	88.11	无色液体	0.901	−83.6	77.1	8.62	∞	∞

【实验装置图】

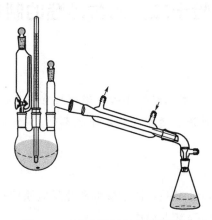

图 4-3　乙酸乙酯制备实验装置图

【实验内容】

1. 乙酸乙酯粗产品的制备

按图 4-3 安装滴加蒸馏装置。在 250 mL 三颈圆底烧瓶中，加入 12 mL 无水乙醇，在振摇下分批加入 12 mL 浓硫酸使混合均匀，并加入几粒沸石。三颈圆底烧瓶一侧口和中间口分别插入恒压滴液漏斗及温度计，温度计的水银球浸入液面以下，距瓶底约 0.5~1 cm。另一侧口通过蒸馏头与直形冷凝管连接，冷凝管末端连接真空接引管，用锥形瓶作接收瓶。将 12 mL 无水乙醇及 12 mL 冰醋酸（约 12.6 g，0.21 mol）的混合液，经由 60 mL 滴液漏斗滴入蒸馏烧瓶内约 3~4 mL，然后将三颈圆底烧瓶在电热套上用小火加热[2]，使反应液温度升到 110~120 ℃，这时在蒸馏管口应有液体蒸出来，再从滴液漏斗慢慢滴入其余的混合液。控制滴入速度和馏出速度大致相等，并维持反应液温度在 110~120 ℃[3]，滴加完毕后，继续加热，直到温度升高到 130 ℃时不再有液体馏出为止。馏出液中含有乙酸乙酯及少量乙醇、乙醚、水和醋酸。

2. 乙酸乙酯粗产品的洗涤

向收集馏分的锥形瓶中慢慢加入约 10 mL 饱和碳酸钠溶液，并不断摇荡锥形瓶，使产生的 CO_2 逸出，并用 pH 试纸检验，至酯层呈中性。将混合液移入分液漏斗，充分振摇（注意活塞放气）后，酯层保留。再向分液漏斗中继续加入 10 mL 饱和氯化钠溶液[4] 洗涤酯层，静置后分去下层液，然后再分两次，每次加入 10 mL 饱和氯化钙溶液，弃去下层液，除去可能存在的乙醇。将上层液体从上口转移至干燥的锥形瓶中，并用适量无水硫酸镁干燥。

3. 蒸馏精制

将干燥好的乙酸乙酯转入干燥的 50 mL 蒸馏烧瓶中，加入沸石，蒸馏，收集 74~78 ℃馏出物，记录馏出物的沸点，称量产物，计算产率。

纯粹的乙酸乙酯沸点 77.1 ℃，折射率 n_D^{20} 1.372 3。

实验时间约 4~6 h。

【操作要点及注意事项】

[1] 本实验所采用的酯化方法，仅适用于沸点较低的酯类的合成。

[2] 加热之前一定将反应混合物混合均匀，否则容易炭化。

[3] 温度不宜过高，否则会增加副产物乙醚的含量。滴加速度不可太快，否则会使冰醋酸和乙醇来不及作用而被蒸出。

[4] 碳酸钠必须完全洗去，否则下一步用饱和氯化钙溶液洗去醇时，会产生絮状的碳酸钙沉淀，造成分离的困难。为减少酯在水中的溶解度，故这里用饱和食盐水洗。

【思考题】

1. 为什么温度计要插入液面下，并要控制滴加乙醇—冰醋酸混合液的速度？

2. 馏出液依次用饱和碳酸钠、食盐水和氯化钙溶液洗涤目的何在？

3. 在酯化反应中，用作催化剂的硫酸量，一般只需醇量的 3% 就够了，这里为何用了 12 mL？如果采用冰醋酸过量是否可以？为什么？

4. 请查阅文献了解乙酸乙酯的合成方法研究新进展。

实验十三　乙酰苯胺的制备

【安全须知】

冰醋酸具有刺激和腐蚀作用。苯胺具有毒性，吸入苯胺蒸气或经皮肤吸收会引起中毒症状。这些药品最好在通风橱中使用，不要触及皮肤。

【实验目的】

1. 了解以冰醋酸为酰基化试剂制备乙酰苯胺的基本原理和方法。
2. 掌握分馏、减压过滤及固体有机化合物的提纯方法（重结晶）等基本操作。

【实验原理】

乙酰苯胺（acetanilide）为无色晶体，曾用作解热镇痛药，有"退热冰"之称。现被对乙氧基乙酰苯胺代替。乙酰苯胺可由苯胺的酰化（acylation）反应制得，反应方程式如下：

$$\text{苯}-NH_2 + CH_3COOH \underset{100\sim110\ ℃}{\overset{Zn}{\rightleftharpoons}} \text{苯}-NHCOCH_3 + H_2O$$

常用的乙酰化试剂有乙酰氯、乙酸酐和乙酸。反应活性顺序为乙酰氯＞乙酸酐＞乙酸。本实验用乙酸作乙酰化剂。乙酸与苯胺的反应速度很慢，是一个可逆的平衡反应，可采用分馏出生成的水，或加入苯、四氯化碳等与水形成最低共沸点共沸物带出水等操作，使反应接近完成。生成的乙酰苯胺在稀酸或碱的催化下可水解为原来的胺。因此在有机合成中，氨基的酰化反应常用于保护氮基。

【实验准备】

仪器：圆底烧瓶，分馏柱，蒸馏头，温度计，接引管，锥形瓶，恒温电热套，抽滤瓶，布氏漏斗等。

药品：苯胺，冰醋酸，锌粉，活性炭。

【物理常数】

表 4-3　主要原料及产品的物理常数

药品名称	分子量	物态	相对密度 (d_4^{20})	熔点/℃	沸点/℃	溶解度/$[g \cdot (100\ g\ H_2O)^{-1}]$		
						水	乙醇	乙醚
苯胺	93.12	无色液体	1.022	−6	184.4	3.6	∞	∞
冰醋酸	60.05	无色液体	1.049	16.2	117.9	∞	∞	∞
乙酰苯胺	135.16	斜方晶体	1.121	114	304	0.53	36.9[20]	7[25]

【实验内容】

1. 乙酰苯胺粗产品的制备

在 100 mL 圆底烧瓶上，装一支分馏柱，柱顶装配一支 150～200 ℃温度计，用一只锥形瓶收集稀乙酸溶液。在圆底烧瓶中放入 10 mL 新蒸的苯胺[1]（10.2 g，0.11 mol）及 15

mL 冰醋酸（15.7 g，0.26 mol）和 0.1 g 锌粉[2]，放在电热套上用小火加热，使反应混合物保持微沸约 5～10 min，然后逐渐升高温度[3]，当温度计读数达 100 ℃左右时，支管即有液体馏出。维持温度在 100～110 ℃约 40～60 min，反应生成的水及大部分乙酸被蒸出。此时温度计读数下降，表明反应已经完成[4]。在搅拌下趁热将反应物倒入 100 mL 冷水中[5]，待完全冷却后，抽气过滤，用冷水洗涤，即得粗制乙酰苯胺。

2. 乙酰苯胺的精制

将粗乙酰苯胺用 1∶20 的水加热煮沸[6]，待油状物完全溶解后（如不能完全溶解，可补加适量水，再煮沸便完全溶解），停止加热，稍冷后加活性炭 0.2 g 搅拌，再煮沸数分钟进行脱色，趁热过滤。将滤液冷却，冷却到室温时滤出结晶。结晶用少量水洗涤 2 次，抽干后再烘干，得精制乙酰苯胺。称重，计算产率。

实验时间约 4～6 h。

【操作要点及注意事项】

[1] 苯胺极易氧化。久置的苯胺会变成红色，使用前须重新蒸馏以除去其中的杂质，否则将影响产品的产量和质量。

[2] 锌粉在酸性介质中可使苯胺中的有色物质还原，防止苯胺进一步氧化，因此在反应中加入少量锌粉。锌粉加入适量，反应液呈淡黄色或接近无色。加入量过多，不仅消耗乙酸（生成乙酸锌），还会在后处理时因乙酸锌水解生成难溶于水的 $Zn(OH)_2$ 而难以从乙酰苯胺中分离出去。

[3] 反应温度的控制：保持分馏柱顶温度不超过 105 ℃。开始时要缓慢加热，待有水生成后，调节反应温度，以保持生成水的速度与分出水的速度之间的平衡。切忌开始就强烈加热。

[4] 反应终点的判断：温度计的读数较大范围的上下波动或烧瓶内出现白雾现象。

[5] 纯乙酰苯胺为白色片状结晶，熔点 114 ℃，稍溶于热水、乙醇、乙醚、氯仿、丙酮等溶剂，而难溶于冷水，故可用热水进行重结晶。

[6] 因乙酰苯胺熔点较高，稍冷即会固化，因此，反应结束后须立即倒入事先准备好的水中，否则凝固在烧瓶中难以倒出。

【思考题】

1. 本实验中采用哪些方法来提高乙酰苯胺的产率？

2. 乙酰苯胺的制备为什么采用分馏装置？

3. 请查阅文献资料了解氨基的保护反应在药物合成中的应用。

4. 应用苯胺为原料进行苯环上的取代反应时，为什么反应前常要先进行乙酰化？

实验十四　阿司匹林（乙酰水杨酸）的制备

【安全须知】

乙酸酐吸入后对呼吸道有刺激作用，使用时注意通风，如不慎沾到皮肤上，用大量流动清水冲洗。浓硫酸与皮肤接触会造成化学灼伤，局部刺痛，溅入眼睛时，用大量的清水冲洗，严重者冲洗完毕送往医院，硫酸如少量溅到皮肤上，须用大量流动的水进行清洗。

【实验目的】

1. 了解乙酰水杨酸（阿司匹林）的制备原理和方法。
2. 进一步熟悉重结晶、熔点测定、抽滤等基本操作。
3. 了解乙酰水杨酸的应用价值。

【实验原理】

乙酰水杨酸，别名阿司匹林（aspirin），化学式 $C_9H_8O_4$，为白色结晶粉末，溶于乙醇、乙醚，微溶于水。阿司匹林属于非甾体抗炎药物，主要用作抗血小板聚集、解热、镇痛和川崎病等。阿司匹林还具有抗风湿、减少阿尔茨海默病恶化及防治部分肿瘤的作用。此外，对于糖尿病引发的心脏病，有研究报道，服用阿司匹林可以使心脏病发生率减少 40% 左右。阿司匹林是由水杨酸（邻羟基苯甲酸）与乙酸酐进行酯化反应而得。反应式为：

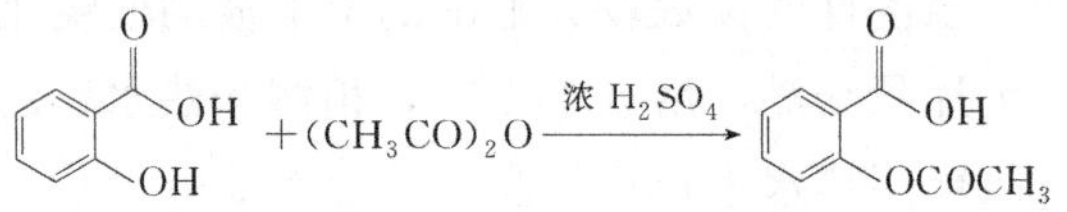

阿司匹林是一种具有双官能团的化合物，结构中含有酚羟基和羧基，两者都可以发生酯化，而且还可以形成分子内氢键，阻碍酰化和酯化反应的发生。副反应为：

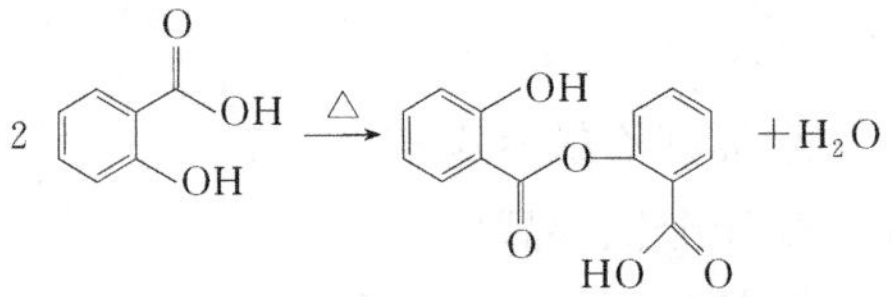

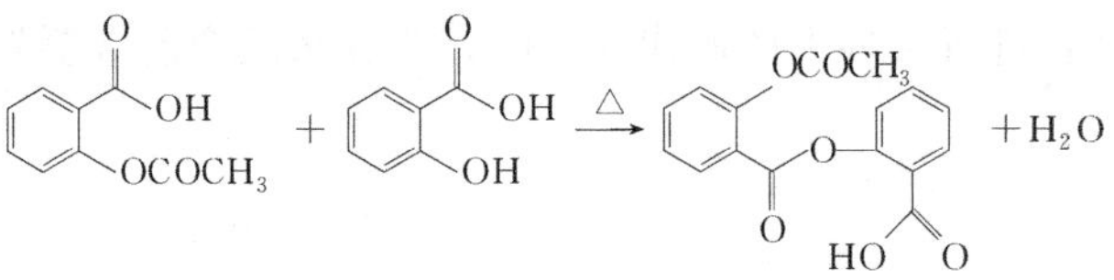

【实验准备】

仪器：锥形瓶，恒温水浴锅，抽滤瓶，布氏漏斗，烧杯，温度计，玻璃棒，表面皿等。

药品：水杨酸，乙酸酐，浓硫酸，三氯化铁水溶液，无水乙醇。

【物理常数】

表 4-4 主要原料及产品的物理常数

药品名称	分子量	物态	相对密度 (d_4^{20})	熔点/℃	沸点/℃	溶解度 水	溶解度 乙醇	溶解度 乙醚
水杨酸	138.12	白色粉末	1.44	158～161	211	微溶	易溶	易溶
乙酸酐	102.09	无色液体	1.08	-73	138～140	溶	溶	∞
乙酰水杨酸	180.16	白色结晶	1.35	134～136	321	微溶	溶	溶

【实验内容】

1. 阿司匹林粗产品的制备

在干燥的锥形瓶[1]中放入水杨酸 (5.0 g, 0.0362 mol)、新蒸馏的乙酸酐 (12.5 mL, 0.122 mol),滴入 5 滴浓硫酸,轻轻摇荡锥形瓶使溶解,将锥形瓶[2]置于 75～80 ℃水浴[3]中缓慢升温,约 10 min 后,使其缓慢冷却至室温。在冷却过程中,阿司匹林缓慢从溶液中析出,再加入 80 mL 水,用冰水浴冷却,并用玻璃棒不停搅拌,使结晶完全析出[4]。抽滤,用少量冰水洗涤两次,得阿司匹林粗产物。

2. 阿司匹林的精制

将阿司匹林的粗产物移至烧杯中,加入 60 mL 饱和 $NaHCO_3$ 溶液[5],搅拌,直至无 CO_2 气泡产生,抽滤,用少量水洗涤,将洗涤液与滤液合并,弃去滤渣。另取烧杯一只,放入大约 8 mL 浓盐酸并加入 25 mL 水,配好盐酸溶液,再将上述滤液分多次倒入烧杯中,边倒边搅拌,使阿司匹林析出,冰水冷却使结晶完全析出,抽滤,得粗产品。

将阿司匹林粗产品加入锥形瓶中,向其中加入无水乙醇和水的混合溶液 6～10 mL(体积比 1:1)在水浴锅中加热[6]至全部溶解,冰水冷却使结晶完全析出,抽滤,冷水洗涤,压干滤饼,干燥,称重,计算产率。

3. 阿司匹林纯度的检测

取两支干净的试管,分别放入少量水杨酸和阿司匹林精品,加入乙醇各 1 mL,溶解后,分别在每支试管中加入 1～2 滴 10% $FeCl_3$ 溶液,观察有无颜色反应(盛水杨酸的试管中有红色或紫色出现,盛阿司匹林的试管应该无颜色变化)。

实验时间约 2 h。

【操作要点及注意事项】

[1] 玻璃仪器要全部干燥。

[2] 若加热的介质为水时,注意不要让水蒸气进入锥形瓶中,可用保鲜膜或封口膜封口,以防止酸酐和生成的阿司匹林水解。

[3] 本实验中要注意控制好温度,水温 75～80 ℃左右,反应温度约 70 ℃。

[4] 倘若在冷却过程中,阿司匹林没有在反应液中析出,可用玻璃棒或不锈钢刮勺,轻轻摩擦锥形瓶的内壁,也可同时将锥形瓶放入冰浴中冷却,促使结晶生成。

[5] 当碳酸氢钠水溶液加入阿司匹林中时,会产生大量气泡,注意分批少量加入,边加边搅拌,以防气泡产生过多,引起溶液外溢。

[6] 产品乙酰水杨酸易受热分解，分解温度 128～135 ℃。因此，重结晶时不宜长时间加热，控制水温，产品宜采取自然晾干。

【思考题】

1. 为什么使用新蒸馏的乙酸酐？加入浓硫酸的目的是什么？

2. 阿司匹林在临床上被称为"万能药"，请查阅文献了解近年来阿司匹林在临床上的新用途。

实验十五 苯乙酮的制备

【安全须知】

无水 $AlCl_3$ 对皮肤有刺激性，接触皮肤后应立即用大量指定的液体冲洗。苯可燃，有毒，对皮肤和黏膜有局部刺激作用，吸入和经皮肤吸收可引起中毒，使用时注意通风。

【实验目的】

1. 学习傅-克酰基化法制备芳酮的原理和方法。
2. 熟悉并掌握无水操作。

【实验原理】

傅-克（Friedel-Crafts）酰基化反应是制备芳酮的重要方法之一。酰氯、酸酐是常用的酰基化试剂，无水 BF_3、$AlCl_3$ 等路易斯酸作催化剂，分子内的酰基化反应还可以用多聚磷酸（PPA）作催化剂，酰基化反应常用过量的芳烃、二硫化碳、硝基苯、二氯甲烷等作为反应的溶剂。本实验用苯和乙酸酐，在无水 $AlCl_3$ 的催化下制备苯乙酮（acetophenone），反应方程式如下：

$$\text{（苯）}+(CH_3CO)_2O \xrightarrow{AlCl_3} \text{（苯乙酮）}-\overset{O}{\overset{\|}{C}}CH_3 +CH_3COOH$$

【实验准备】

仪器：三颈圆底烧瓶，恒压滴液漏斗，球形冷凝管，干燥管，玻璃搅拌棒，分液漏斗，圆底烧瓶，蒸馏头，具塞温度计，直形冷凝管，空气冷凝管，真空接引管，锥形瓶，电热套，三角漏斗，机械搅拌器，四氟乙烯搅拌套塞。

药品：乙酸酐，无水三氯化铝，无水苯，浓盐酸，5%氢氧化钠溶液，无水硫酸镁。

【物理常数】

表 4-5 主要原料及产品的物理常数

药品名称	分子量	物态	相对密度 (d_4^{20})	熔点/℃	沸点/℃	溶解度		
						水	乙醇	乙醚
苯	78.11	无色液体	0.877	5.5	80.1	微溶	易溶	易溶
乙酸酐	102.09	无色液体	1.087	−73.0	138~140	溶	溶	∞
苯乙酮	120.15	无色或淡黄色油状液体	1.03	19.6	202.3	不溶	易溶	易溶

【实验内容】

将 250 mL 三颈圆底烧瓶[1]的三个瓶口处分别连接恒压滴液漏斗、电动搅拌棒和球形冷凝管，在冷凝管上再安装一个氯化钙干燥管和氯化氢气体吸收装置。迅速称取 20 g（0.15

mol）无水三氯化铝[2]，加入瓶中，再加入 30 mL 无水苯[3]。在恒压滴液漏斗中依次加入乙酸酐 6.5 g（0.064 mol）[4] 和 10 mL 无水苯。开动电动搅拌器，滴加乙酸酐和苯溶液，控制滴加速度，维持反应瓶温热为宜，同时有氯化氢气体放出，约 20～30 min 滴加完毕，在搅拌下，用沸水浴加热 0.5 h，至无氯化氢气体逸出为止。

在冷水浴冷却下，继续搅拌，慢慢滴加 50 mL 浓盐酸和 50 mL 冰-水混合液[5]，当瓶中固体物质完全溶解后，停止搅拌。用分液漏斗分离出苯层，每次用 15 mL 苯萃取水层两次，合并苯层。依次用 5%氢氧化钠溶液和水各 20 mL 洗涤苯层。用无水硫酸镁干燥。

滤去干燥剂，搭建蒸馏装置，先蒸去苯，继续蒸馏，当温度升至 140 ℃时，除去冷凝管中的冷凝水，蒸馏收集 198～202 ℃的馏分[6]，计算产率。

实验时间约 8 h。

【操作要点及注意事项】

[1] 仪器必须干燥，反应过程中必须保持体系干燥。

[2] 三氯化铝要研碎，称量和投料都要迅速，防止长时间暴露在空气中，若大部分变黄表明已水解，不可用。

[3] 无水苯的制备方法参见附录　常用有机溶剂的精制。

[4] 乙酸酐的滴加速度要慢，滴得太快温度不易控制。

[5] 用酸水解前就要降温，降温时要防止尾气管倒吸碱液。水解至固体物全部溶解，若仍有少许固体不溶，可以补加 1∶1 稀盐酸，再继续搅拌，至固体完全溶解为止。

[6] 苯乙酮沸点较高，蒸馏仪器的磨口连接处应注意涂抹凡士林，防止长时间高温蒸馏，连接口粘连。

【思考题】

1. 在本实验中，对试剂处理、仪器装置和实验操作都采取什么除水、防潮措施？

2. 本实验为什么要用过量的苯和 $AlCl_3$？

3. 当反应完成后，为什么要加浓盐酸和冰水（1∶1）的混合液？

实验十六   环己酮的制备

【安全须知】

浓硫酸有强烈的腐蚀性，若触及皮肤，应先用布擦去或用 $Na_2S_2O_3$ 溶液冲洗，再用大量水冲洗干净。重铬酸钠有强烈的腐蚀性和毒性，使用时要避免与皮肤直接接触。

【实验目的】

1. 学习铬酸氧化法制环己酮的原理和方法。
2. 通过二级醇转变为酮的实验，进一步了解醇和酮之间的联系和区别。

【实验原理】

实验室制备脂肪或脂环醛酮，最常用的方法是将伯醇和仲醇用铬酸氧化。如环己醇在此条件下氧化可制备环己酮（cyclohexanone），反应方程式如下：

$$3 \underset{}{\overset{OH}{\bigcirc}} + Na_2Cr_2O_7 + 4H_2SO_4 \longrightarrow 3 \underset{}{\overset{O}{\bigcirc}} + Cr_2(SO_4)_3 + Na_2SO_4 + 7H_2O$$

铬酸是重要的铬酸盐和 $40\%\sim50\%$ 硫酸的混合物。二级醇用铬酸氧化是制备酮的最常用的方法。酮对氧化剂比较稳定，不易进一步氧化。铬酸氧化醇是一个放热反应，必须严格控制反应的温度，以免反应过于激烈。用高锰酸钾作氧化剂，如在比较强烈的条件下可被氧化，一级醇生成羧酸钾盐，溶于水，并有二氧化锰沉淀析出，而二级醇氧化为酮，但易进一步氧化，使碳碳键断裂，故很少用于合成酮。

环己酮的化学性质与开链酮相近，可以在催化剂存在下用强氧化剂氧化，生成己二酸；在碱存在下，自身可以缩合。环己酮还是重要化工原料，是制造尼龙、己内酰胺的主要中间体。高浓度环己酮蒸气有麻醉性，能刺激黏膜和呼吸器官，可引起内脏器官病变。

【实验准备】

仪器：三颈圆底烧瓶，圆底烧瓶，水银温度计，直形冷凝管，蒸馏头，真空接引管，锥形瓶，分液漏斗等。

药品：浓硫酸，环己醇，重铬酸钠，草酸，食盐，无水碳酸钾。

【物理常数】

表 4-6   主要试剂及产物的物理常数

药品名称	分子量	物态	相对密度 (d_4^{20})	熔点/℃	沸点/℃	溶解度		
						水	乙醇	乙醚
环己醇	100.16	无色液体	0.949	20.10	161.1	微溶	溶	∞
环己酮	98.14	无色液体	0.9478	-47.00	155.7	微溶	溶	溶

【实验内容】

1. 环己醇的氧化

在 250 mL 三颈圆底烧瓶内，放置 60 mL 冰水，慢慢加入 10 mL 浓硫酸，充分混匀后，小心加入 10 g 环己醇（10.5 mL，0.1 mol），在上述混合液内插入一支温度计。将溶液冷至 30 ℃ 以下[1]。在烧杯中将 10.5 g 重铬酸钠（$Na_2Cr_2O_7 \cdot 2H_2O$，0.035 mol）溶解于 6 mL 水中。取此溶液 1 mL 加入圆底烧瓶中，充分振荡，这时可观察到反应温度上升和反应液由橙红色变为墨绿色，这表明氧化反应已经发生[2]，继续向圆底烧瓶中滴加剩余的重铬酸钠溶液，同时不断振摇烧瓶，控制滴加速度保持烧瓶内反应液温度在 55～60 ℃。如果温度过高可在冰水浴中冷却。滴加完毕，继续振摇反应瓶直至观察到温度自动下降 1～2 ℃ 以上。然后再加入少量的草酸（约需 0.5 g），使反应液完全变成墨绿色，以破坏过量的重铬酸盐。

2. 粗产品的制备

在反应瓶内加入 50 mL 水，再加几粒沸石，装成蒸馏装置，将环己酮与水一并蒸馏出来（环己酮与水能形成沸点为 95 ℃ 的共沸混合物），直至馏出液不再混浊后再多蒸 7.5～10 mL[3]（大约收集馏液 40～50 mL）。

3. 精制

用氯化钠[4]（约需 7.5～10 g）饱和馏液，在分液漏斗中静置后分出有机层，用无水碳酸钾干燥蒸馏收集 150～156 ℃ 馏分，称重，计算产率。

本实验反应时间约 3～4 h。

【操作要点及注意事项】

[1] 本实验是一个放热反应，必须严格控制温度。

[2] 若氧化反应没有发生，不要继续加入氧化剂，因过量的氧化剂能使反应过于激烈而难以控制。

[3] 水的馏出量不宜过多，否则会因少量环己酮溶于水中而损失掉。

[4] 加入食盐的目的是利用盐析降低环己酮在水中的溶解度，同时有利于分层。

【思考题】

1. 用铬酸氧化法制备环己酮时，为什么要严格控制反应温度在 55～60 ℃，温度过高或过低有什么影响？

2. 当反应结束后，为什么要加入草酸？如果不加入草酸有什么不好？

3. 用高锰酸钾的水溶液氧化环己酮，应得到什么产物？

4. 反应可能有哪些副产物生成？写出有关化学反应方程式。

实验十七 环己酮肟的合成及贝克曼重排反应

【安全须知】

环己酮具有麻醉和刺激作用，使用时注意通风。其液体对皮肤有刺激性，是低毒性物质，如少量沾到皮肤上，用肥皂水和清水彻底冲洗皮肤即可。氯仿对人体呼吸系统和消化系统有一定的危害，在使用氯仿时，要避免误吸入或误摄入。操作时要保持良好的通风条件，并避免直接接触口腔等黏膜。

【实验目的】

1. 了解环己酮肟的制备方法。
2. 学习用贝克曼重排反应制备己内酰胺的原理及操作方法。

【实验原理】

脂肪酮和芳香酮都可以和羟胺作用生成肟。肟在酸性催化剂如五氯化磷、硫酸或苯磺酰氯等作用下，发生分子重排生成酰胺，这个反应称为贝克曼（Beckmann）重排。本实验利用环己酮肟（cyclohexanone oxime）在硫酸存在下经贝克曼重排反应制备己内酰胺（caprolactam）。反应方程式如下：

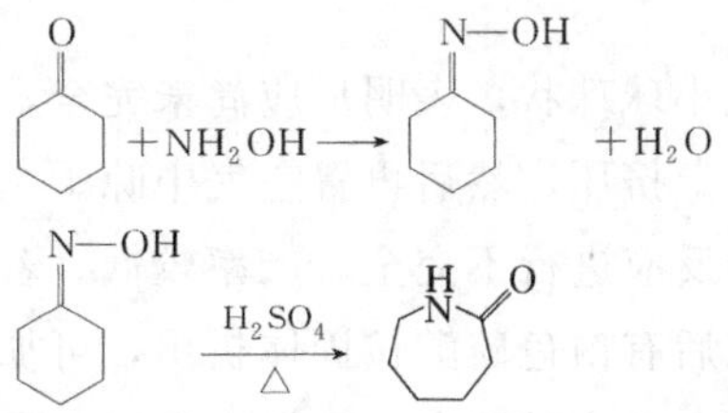

【实验准备】

仪器：锥形瓶，三颈圆底烧瓶，搅拌器，温度计，滴液漏斗，分液漏斗，克氏蒸馏烧瓶，直形冷凝管，真空接引管。

药品：环己酮，羟胺盐酸盐，结晶乙酸钠，70%硫酸，氨水。

【物理常数】

表 4-7 主要试剂及产物的物理常数

药品名称	分子量	物态	相对密度 (d_4^{20})	熔点/℃	沸点/℃	溶解度		
						水	乙醇	乙醚
环己酮	98.14	无色液体	0.9478	−47	155.7	微溶	溶	溶
环己酮肟	113.16	白色结晶	1.1013	88～92	206.00～210.00	溶	溶	溶
己内酰胺	113.16	白色结晶	1.0200	69～71	268	易溶	易溶	易溶

【实验内容】

1. 环己酮肟的制备

在 250 mL 锥形瓶中，加入 7 g（0.07 mol）羟胺盐酸盐和 10 g 结晶乙酸钠，加 30 mL 水溶解，用恒温水浴加热溶液至 35～40 ℃，分批加入 7.5 mL 环己酮，边加边振荡，即有固体析出。加完后，用橡皮塞或封口膜封紧瓶口，激烈振荡，白色粉状结晶析出，表明反应完全[1]。冷却后，抽滤，用少量水洗涤。抽干，于空气中晾干[2]，得白色环己酮肟结晶，称重并计算产率。

2. 环己酮肟的重排

称取 5 g 干燥的环己酮肟（0.044 mol）加 5 mL 70％硫酸溶解备用。在装有搅拌器、温度计和滴液漏斗的三颈圆底烧瓶中放入 3 mL 70％硫酸，电热套加热至 130～135 ℃[3]，缓缓搅拌。将环己酮肟溶液转移至滴液漏斗中，并用 2 mL 70％硫酸洗涤，洗液并入滴液漏斗。保持温度在 130～135 ℃下，将环己酮肟溶液缓缓加入三颈圆底烧瓶中，大约 20 min 滴完，滴加完毕后继续搅拌 5 min，移去热源，温度降至 80 ℃，再用冰盐水冷却至 0～5 ℃。搅拌下滴加浓氨水至 pH＝8。将反应产物转移至分液漏斗中，三颈圆底烧瓶用 10 mL 水洗涤，洗液并入产物[4]。用氯仿萃取 3 次，每次 5 mL。氯仿萃取液用无水硫酸镁干燥，放置澄清后滤入克氏蒸馏烧瓶中。先常压回收氯仿，残余物进行减压蒸馏[5]，收集 137～140 ℃ 馏分，馏出物冷却固化为白色晶体，收集产物，干燥并计算产率。

本实验反应时间约 4～6 h。

【操作要点及注意事项】

[1] 如环己酮肟呈白色小球珠状，表明反应尚未完全，须继续强烈振荡。

[2] 产品最好先在滤纸上挤压，然后再置空气中晾干，否则不易干。

[3] 温度过低，则重排反应进行不完全，产率较低。若温度过高，可能导致产物聚合。

[4] 用浓氨水中和结束后有白色硫酸铵固体析出，可加入 10 mL 水洗掉烧瓶中残余物。

[5] 减压蒸馏时，为防止己内酰胺在冷凝管中凝结，最好不用冷凝管，即将蒸馏烧瓶直接与接引管相连接。

【思考题】

1. 制备环己酮肟时，为什么要加乙酸钠？

2. 如产物中加有未反应的少量原料环己酮肟，如何除去？

3. 用氨水中和时，为什么要把温度控制在 20 ℃以下？

实验十八　对甲苯磺酸钠的制备

【安全须知】

　　浓硫酸有强烈的腐蚀性，若触及皮肤，应先用布擦去或用 $Na_2S_2O_3$ 溶液冲洗，再用大量水冲洗干净。甲苯对皮肤、黏膜有刺激性，使用时避免与皮肤接触，注意通风。

【实验目的】

　　1. 了解芳香族化合物磺化的基本原理、方法及反应温度的影响。
　　2. 进一步熟悉回流、减压过滤、重结晶等基本操作。

【实验原理】

　　甲苯的磺化（sulphonation）反应是一个可逆反应，以浓硫酸为磺化试剂，对甲苯进行磺化时，温度过高也将造成二磺化产物的增多。在本实验中，使用过量甲苯并利用甲苯-水易形成共沸物的特点，不断将反应生成的水及时移走，使反应体系中始终存在高浓度的硫酸，同时又不至于温度过高。磺化反应结束后，将反应物转变为钠盐，利用它在饱和 NaCl 溶液中溶解度小的原理析出沉淀，沉淀析出后再进一步重结晶，最后得到对甲苯磺酸钠（sodium p-toluene sulfonic acid）。反应方程式如下：

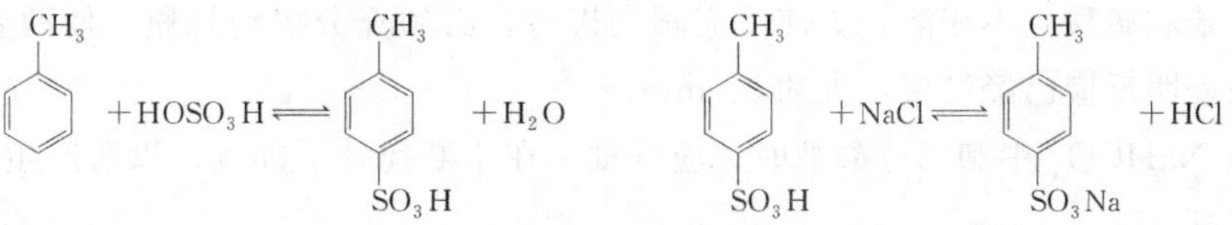

　　对甲苯磺酸钠为无色片状晶体，主要用于有机合成工业，在医药上用于合成多西环素、双嘧达莫、萘普生及用于生产阿莫西林、头孢羟氨苄的中间体，也可用作合成洗涤剂的水助溶剂。

【实验准备】

　　仪器：圆底烧瓶，球形冷凝管，水银温度计，烧杯，抽滤装置，加热装置等。
　　药品：甲苯，98%浓硫酸，碳酸氢钠，精盐，活性炭。

【物理常数】

表 4-8　主要原料及产品的物理常数

药品名称	分子量	物态	相对密度 (d_4^{20})	熔点/℃	沸点/℃	溶解度		
						水	乙醇	乙醚
甲苯	92.14	无色液体	0.8669	−95	110	不溶	溶	∞
浓硫酸	98.08	无色液体	1.8400	10	340	∞	—	—
对甲苯磺酸	172.20	无色片状晶体	1.0700	106～107	116	溶	溶	溶
对甲苯磺酸钠	194.18	无色片状晶体	1.5500	>300	400	溶	—	—

【实验内容】

1. 对甲苯磺酸的制备

在装有回流冷凝管的 100 mL 圆底烧瓶中，加入 16 mL 甲苯和 11 mL 浓硫酸，投入沸石。电热套加热至沸腾，调节电压，将反应物保持微沸状态[1]。每隔 2～3 min，彻底地摇动烧瓶一次[2]，直至甲苯层几乎近于消失，此时冷凝管中仅有较少液滴滴下，停止加热。

2. 对甲苯磺酸钠的制备

将反应物趁热倒入盛有 50 mL 水的烧杯中，再用少量热水把烧瓶清洗一次。于溶液中加 7 g 碳酸氢钠粉末[3]，以中和部分酸液，然后再加 13 g 精盐或研细的食盐，加热至沸，使食盐完全溶解。如果有不溶的固体杂质，将溶液趁热过滤出的对甲苯磺酸钠进行减压过滤，挤压去水分。

3. 对甲基苯磺酸钠的精制[4]

将粗产品溶于 50 mL 水中，加热使之全部溶解，后加入 10 g 精盐。加热至沸，搅拌使食盐完全溶解。加入 1 g 活性炭脱色（注意不能在溶液沸腾时加入），趁热过滤[5]。冷却抽滤，把产物放在烘箱内于 110 ℃ 干燥，烘干得无水对甲苯磺酸钠，计算产率。

本实验反应时间约 3～4 h。

【操作要点及注意事项】

[1] 反应温度严格控制在 100～120 ℃，低温有利于邻位异构物的生成，提高温度则有利于对位异构物的生成，回流速度以 2～3 滴/min 为宜。

[2] 甲苯和硫酸互不相溶，为使反应顺利进行，必须充分摇动烧瓶，使两者充分接触。甲苯层消失表明反应已经结束，大约 20 min。

[3] 加 $NaHCO_3$ 中和部分酸液时，应分批、在不断搅拌下加入，以防产生大量的 CO_2 气泡逸出烧杯。

[4] 通过重结晶，可除去溶解度更大的甲苯二磺酸钠盐。

[5] 趁热过滤时，抽滤瓶和布氏漏斗要充分预热。滤液要自然冷却。

【思考题】

1. 在甲苯的磺化过程中，为什么要常常摇动烧瓶？

2. 在实验中，食盐起什么作用？加入过多或过少有什么影响？

实验十九 苯甲醇和苯甲酸的制备

【安全须知】

苯甲醛有微毒性且易挥发和氧化，不要触及皮肤，应在通风橱中取用。乙醚易挥发、易燃，其蒸气可使人失去知觉，注意通风，蒸馏乙醚切忌直接用明火加热。

【实验目的】

1. 了解通过 Cannizzaro 反应由苯甲醛制备苯甲醇和苯甲酸的基本原理和方法。
2. 进一步熟悉并巩固洗涤、萃取、简单蒸馏、减压过滤和重结晶操作。

【实验原理】

没有 α-H 的醛（如芳香醛、甲醛等）在浓碱作用下可发生自身氧化-还原反应，即一分子醛被还原成醇，另一分子醛被氧化成酸，称为康尼查罗（Cannizzaro）歧化反应。例如：

$$2 \quad \underset{}{\text{CHO}} \xrightarrow{\text{浓 NaOH}} \underset{}{\text{CH}_2\text{OH}} + \underset{}{\text{COONa}}$$

在上述反应中，苯甲醛分子被氧化成苯甲酸钠（sodium benzoate），同时还原生成苯甲醇（benzyl alcohol），进一步酸化可得到苯甲酸（benzoic acid）。在康尼查罗反应中，通常使用 50% 的浓碱，反应在室温下进行，其中碱要过量 1 倍以上，否则反应不易完全，未反应的醛与生成的醇混在一起，通过一般蒸馏难以分离。

【实验准备】

仪器：圆底烧瓶，球形冷凝管，空气冷凝管，蒸馏头，温度计，真空接引管，锥形瓶，分液漏斗，抽滤瓶，布氏漏斗。

药品：苯甲醛，氢氧化钠，浓盐酸，乙醚，饱和亚硫酸氢钠溶液，10% 碳酸钠溶液，无水硫酸镁。

【物理常数】

表 4-9 主要原料及产品的物理常数

药品名称	分子量	物态	相对密度 (d_4^{20})	熔点/℃	沸点/℃	溶解度		
						水	乙醇	乙醚
苯甲醛	106.12	无色液体	1.050	−26	179.5	微溶	∞	∞
苯甲酸	122.12	白色晶体	1.266	122.1	249.2	溶	易溶	易溶
苯甲醇	108.14	无色液体	1.050	−15	204.7	微溶	∞	∞

【实验内容】

在 125 mL 锥形瓶中，加入 9 g 氢氧化钠（0.225 mol）和 9 mL 水，振荡使氢氧化钠溶解并冷却至室温。然后边摇边慢慢加入 10 mL 苯甲醛[1]（10.5 g，0.1 mol）。加完后，用封口膜或橡皮塞封紧瓶口，用力振摇，使其充分混合。振摇过程中，若瓶内温度过高，需适时冷却，最后反应混合物变成白色蜡糊状。放置 24 h，至下次实验时用。

1. 苯甲醇的分离

向反应瓶中加入大约 30 mL 水，使反应混合物中的苯甲酸盐全部溶解，将溶液倒入分液漏斗，水溶液用乙醚萃取 3 次，每次 10 mL，合并乙醚萃取液，保存水溶液，留作制苯甲酸用。

将乙醚萃取液依次用 5 mL 饱和亚硫酸氢钠溶液、10 mL 10% 碳酸钠溶液及 10 mL 水洗涤后，用无水硫酸镁干燥。干燥后的醚液，先用水浴蒸去乙醚[2]，然后在电热套上蒸馏苯甲醇，收集 202～206 ℃馏分。称重，计算产率。

2. 苯甲酸的分离

取水层，在不断搅拌下，由快至慢地加入浓盐酸酸化，盐酸量以能使刚果红试纸由红变蓝为宜。充分冷却使沉淀完全析出，抽滤，粗产物用水重结晶后，晾干，称重，计算产率。

实验时间约 6～8 h。

【操作要点及注意事项】

[1] 苯甲醛很易氧化成苯甲酸，故应用新蒸馏的苯甲醛。

[2] 本实验需要用乙醚，而乙醚极易着火，使用时不得有明火。

【思考题】

1. 试比较发生康尼查罗反应与羟醛缩合反应的醛在结构上的差异。

2. 饱和亚硫酸氢钠及 10% 碳酸钠溶液用于洗去何种杂质？

3. 经乙醚萃取后的水溶液为何要酸化到使刚果红试纸由红变蓝而不是酸化到中性？

4. 为什么要用新蒸过的苯甲醛？长期放置的苯甲醛含有什么杂质？如不除去，对本实验有何影响？

实验二十　肉桂酸的制备

【安全须知】

苯甲醛是有毒的刺激性液体，酸酐强烈腐蚀皮肤，刺激黏膜和眼睛，应在通风橱中小心取用。

【实验目的】

1. 掌握制备肉桂酸的原理和方法。
2. 巩固回流、水蒸气蒸馏等基本操作。

【实验原理】

芳香醛和酸酐在碱催化剂的作用下，发生类似交叉羟醛缩合（cross aldol condensation）反应，中间产物不稳定，自发地失去一分子水得到 β-芳基丙烯酸。本实验以苯甲醛和乙酸酐为原料，采用无水碳酸钾作催化剂，可制得肉桂酸（cinnamic acid）。

在医药工业中，肉桂酸可用于合成治疗冠心病的重要药物乳酸心可定和美普地尔，合成巴氯芬和桂利嗪，以及用于制造局部麻醉剂、杀菌剂、止血药等。此外，肉桂酸还可作为配香原料，可使主香料的香气更加清香，具有防霉、防腐、杀菌作用，可应用于蔬菜、水果等的保鲜、防腐。此外，在有机化工合成方面，肉桂酸可作为镀锌板的缓释剂，聚氯乙烯、PVC 的热稳定剂，多氨基甲酸酯的交联剂以及乙内酰脲、聚己内酰胺的阻燃剂。

【实验准备】

仪器：圆底烧瓶，水蒸气蒸馏装置，磁力搅拌器，球形冷凝管，抽滤瓶，布氏漏斗。

药品：苯甲醛，乙酸酐，碳酸钾，2.5 mol/L 氢氧化钠溶液，6 mol/L 盐酸。

【物理常数】

表 4-10　主要原料及产品的物理常数

药品名称	分子量	物态	相对密度 (d_4^{20})	熔点/℃	沸点/℃	溶解度/[g·(100 g H$_2$O)$^{-1}$]		
						水	乙醇	乙醚
苯甲醛	106.2	无色液体	1.050	−26	179.5	微溶	∞	∞
乙酸酐	102.09	无色液体	1.080	−73	138.0～140.0	溶	溶	∞
肉桂酸	148.16	白色粉末	1.248	133	300.0	0.04	溶	极易溶

【实验内容】

在 100 mL 干燥的圆底烧瓶内，依次加入 3 mL 新蒸苯甲醛（0.03 mol）、8 mL 乙酸酐（0.085 mol）和 4.2 g 无水碳酸钾。开动磁力搅拌器用油浴缓缓回流加热 45 min[1]。稍冷却后，加入 20 mL 水，进行水蒸气蒸馏[2]，至馏出液澄清为止。烧瓶稍冷后，加入 2.5 mol/L 氢氧化钠至碱性（约 20 mL）。再加 50 mL 水，加热反应的混合物至沸腾，稍冷后，加活性炭煮沸约 10 min，趁热过滤，滤液冷至室温在搅拌下加入 6 mol/L 盐酸约 10 mL，酸化，冰水冷却过滤。干燥得白色晶体。测定熔点，计算产率。

实验时间约 4～6 h。

【操作要点及注意事项】

[1] 反应物在加热过程中，由于 CO_2 的逸出，最初反应时会出现泡沫。

[2] 水蒸气蒸馏残留液中出现的焦油状杂质，可加活性炭吸附去除。

【思考题】

1. 本实验中在水蒸气蒸馏前为什么用饱和碳酸钠溶液中和反应物？为什么不能用氢氧化钠代替碳酸钠溶液来中和反应物？

2. 肉桂酸能溶于热水，但难溶于冷水，如何提纯？写出操作步骤，说明每一步的作用。

实验二十一 N-乙酰氨基肉桂酸的制备

【安全须知】

苯甲醛有微毒性且易挥发和氧化，不要触及皮肤，应在通风橱中取用。

【实验目的】

1. 掌握制备 N-乙酰氨基肉桂酸的原理和方法。
2. 巩固回流、水蒸气蒸馏等基本操作。

【实验原理】

N-乙酰氨基肉桂酸（N-acetyl aminocinnamic acid）是化工和医药中间体，用于合成苯丙氨酸及化妆品添加剂、紫外防护吸收剂等，是甜味剂阿斯巴甜（aspartame）的主要原料，是医药输液与氨基酸胶囊以及口服液的原料药。酪氨酸酶是黑色素合成关键酶，N-乙酰氨基肉桂酸有抑制酪氨酸酶的作用，对紫外线有一定的隔绝作用。其合成方法见如下反应方程式：

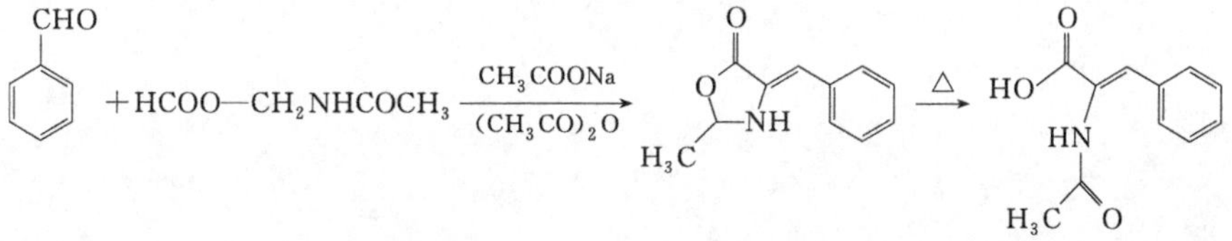

【实验准备】

仪器：圆底烧瓶，水蒸气蒸馏装置，球形冷凝管，电热套，抽滤瓶，布氏漏斗等。

药品：苯甲醛，乙酸酐，N-乙酸甘氨酸，乙酸钠，丙酮。

【物理常数】

表 4-11 主要原料及产品的物理常数

药品名称	分子量	物态	相对密度 (d_4^{20})	熔点/℃	沸点/℃	溶解度		
						水	乙醇	乙醚
苯甲醛	106.2	无色液体	1.050	—26	179.5	微溶	∞	∞
N-乙酰甘氨酸	117.1	白色晶体	1.231	206	405.1	溶	易溶	不溶
N-乙酰氨基肉桂酸	205.21	黄色晶体	1.3200	188~190	455.4	不溶	易溶	溶

【实验内容】

1. 亚苄基吖内酯的制备

将 N-乙酰甘氨酸 5.85 g（0.05 mol）、乙酸钠 3 g（0.037 mol）、苯甲醛[1] 7.9 g（0.074 mol）和乙酸酐 13.4 g（0.125 mol）混合后于 250 mL 烧瓶中，在 100 ℃下反应 0.5 h。反应完毕后用无水乙醇洗涤，抽滤可得亚苄基吖内酯约 7 g。

2. N-乙酰氨基肉桂酸的制备

将所得的亚苄基吖内酯溶于含 30 mL 丙酮和 10 mL 水的体系内。升温回流后，反应约 1 h。反应完毕后，蒸除丙酮，残留的液体中加入 40 mL 水，并升温至沸腾，持续沸腾 5 min，然后迅速过滤。滤液在降温后迅速产生黄色 N-乙酰氨基肉桂酸晶体，晾干，称重并计算产率。

实验时间约 2～3 h。

【操作要点及注意事项】

[1] 久置的苯甲醛含苯甲酸，需蒸馏提纯。

【思考题】

1. 制备乙酰氨基肉桂酸时有哪些注意事项？

2. 查阅文献资料了解 N-乙酰氨基肉桂酸的工业制备方法。

实验二十二 （±）-α-苯乙胺的制备

【安全须知】

苯的挥发性大，对中枢神经系统能产生麻痹作用，对皮肤、黏膜有刺激作用，使用时注意通风。α-苯乙胺有腐蚀性，不要接触到皮肤上。

【实验目的】

1. 学习刘卡特（Leuckart）反应合成外消旋体α-苯乙胺的原理和方法。
2. 进一步巩固萃取、分馏等基本操作。

【实验原理】

通过 Leuckart 反应，用苯乙酮和甲酸铵反应可制得外消旋体α-苯乙胺 [（±）-α-phenyl ethylamine]，反应式如下：

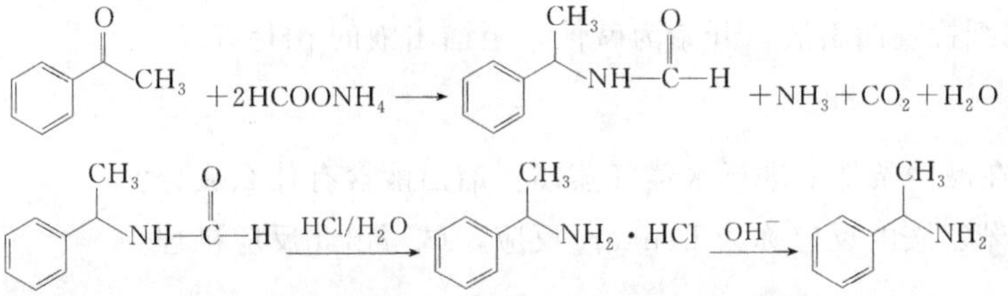

外消旋体α-苯乙胺为有芳香味的液体，是生产磷霉素的中间体，可用作手性合成的中间体。

【实验准备】

仪器：圆底烧瓶，蒸馏头，直形冷凝管，温度计，真空接引管，分液漏斗，空气冷凝管，锥形瓶。

药品：苯乙酮，甲酸铵，苯，浓盐酸，50%氢氧化钠溶液。

【物理常数】

表 4-12　主要原料及产品的物理常数

药品名称	分子量	物态	相对密度 (d_4^{20})	熔点/℃	沸点/℃	溶解度/$[g \cdot (100\ g\ H_2O)^{-1}]$		
						水	乙醇	乙醚
苯乙酮	120.15	无色或淡黄色油状液体	1.03	19.6	202.3	不溶	易溶	易溶
甲酸铵	63.06	白色晶体	1.26	116	103.3	143	∞	∞
α-苯乙胺	121.18	无色液体	0.95	−65	185	微溶	∞	∞

【实验内容】

在 100 mL 蒸馏烧瓶中依次加入 11.7 mL（12 g，0.1 mol）苯乙酮，20 g（0.32 mol）

甲酸铵和几粒沸石，搭成蒸馏装置（温度计要插入液面以下），小火缓缓加热，缓慢升高温度，当加热到 185 ℃时便可以停止加热[1]。在此过程中，水、苯乙酮被蒸出，同时有二氧化碳及氨气不断产生。将馏出液转移至分液漏斗中，分出上层苯乙酮并倒回反应瓶中，继续在 180～185 ℃加热 1 h，反应物冷却后转入分液漏斗中，加入 10 mL 水洗涤，以除去甲酸铵和甲酰胺。将分出的 N-甲酰-α-苯乙胺粗品转入原反应瓶中，水层每次用 5 mL 苯萃取，萃取 2 次，萃取液合并入反应瓶中，加 10 mL 浓盐酸和几粒沸石，加热直至所有的苯被蒸出，再回流 0.5 h 后充分冷却。

将酸性水溶液转入圆底烧瓶中，小心加入 20 mL 50％氢氧化钠溶液进行水蒸气蒸馏[2]，收集馏出液[3] 80～100 mL，馏出液分成两层。冷却后用分液漏斗分液，水层每次用 10 mL 苯萃取 2 次。合并有机层，用粒状氢氧化钠干燥，再进行蒸馏，蒸出苯后改用空气冷凝管，收集 180～190 ℃馏分，计算产率。

实验时间约 8 h。

【操作要点及注意事项】

　　[1] 加热通常约需 1 h，温度不要超过 185 ℃。

　　[2] 水蒸气蒸馏时，玻璃磨口处涂上凡士林，以防接口因受碱性溶液作用而粘住。

　　[3] pH 试纸检查馏出液，开始为碱性，至馏出液的 pH＝7。

【思考题】

　　1. 为什么在碱性条件下进行水蒸气蒸馏？馏出液含有什么成分？

　　2. 合成 α-苯乙胺的反应称为 Leukart 反应，试写出此反应机理。

实验二十三 （±）-α-苯乙胺的拆分

【安全须知】

α-苯乙胺有腐蚀性，不要接触到皮肤上，使用乙醚注意远离明火，通风。

【实验目的】

1. 熟悉化学拆分法获得旋光化合物的原理、方法和具体操作过程。
2. 进一步巩固旋光化合物光学纯度的测定、计算和表达方法，熟悉旋光仪的操作方法。

【实验原理】

由一般合成方法得到的手性化合物为等量的对映体组成的外消旋体，无旋光性。可采用化学方法或生物方法进行拆分。化学拆分法是使外消旋体与某一旋光物质反应，生成非对映体，然后拆分；生物拆分法是利用其中的一个构型物质不能发生上述反应，而使外消旋体得以拆分。利用化学方法进行外消旋体拆分是最常用的获得旋光化合物的方法。

本实验利用 D-（＋）-酒石酸分别与 （R）-（＋）-α-苯乙胺和 （S）-（—）-α-苯乙胺成盐，形成两个非对映体，然后利用其物理性质的不同进行分离。

【实验准备】

仪器：锥形瓶，圆底烧瓶，蒸馏头，直形冷凝管，温度计，接引管，分液漏斗，抽滤瓶，布氏漏斗等。

药品：（±）-α-苯乙胺，D-（＋）-酒石酸，乙醚，丙酮，甲醇，氢氧化钠。

【物理常数】

表 4-13 主要原料及产品的物理常数

药品名称	分子量	物态	相对密度 (d_4^{20})	熔点/℃	沸点/℃	溶解度 水	溶解度 乙醇	溶解度 乙醚
（±）-α-苯乙胺	121.18	无色液体	0.954	−65	185	微溶	∞	∞
（R）-（＋）-α-苯乙胺	121.18	无色液体	0.950	−10	184～186	溶	易溶	易溶
（S）-（—）-α-苯乙胺	121.18	无色液体	0.950	−10	187	微溶	易溶	易溶

【实验内容】

1. （S）-（—）-α-苯乙胺的分离

在 125 mL 锥形瓶中，加入 3.2 g （＋）-酒石酸和 45 mL 甲醇。在水浴上加热至接近沸腾（约 60 ℃），搅拌使酒石酸溶解。然后在搅拌下加入 2.5 g （±）-α-苯乙胺[1]。冷至室温后，将烧瓶塞住，放置 24 h，析出白色菱状晶体[2]。抽滤，得母液用于分离 （R）-（＋）-α-苯乙胺。

滤饼用少量冷甲醇洗涤，干燥后得 （—）-胺-（＋）-酒石酸盐约 2 g，重新置于锥形瓶中，加入 8 mL 水，搅拌使其溶解，再加入 1.5 mL 50％氢氧化钠溶液。将溶液转入分液漏斗中，每次用 5 mL 乙醚萃取两次。合并萃取液，用无水硫酸镁干燥。蒸出乙醚后，减压蒸出 (S)-(−)-α-苯乙胺，收集 84～85 ℃/3.466 kPa（26 mmHg）馏分，晾干，计算产率。

2. (R)-(＋)-α-苯乙胺的分离

将上述保存的母液浓缩，残渣用 20 mL 水和 5 mL 50％氢氧化钠溶液溶解，每次用 5 mL 乙醚萃取三次，合并萃取液，用无水硫酸镁干燥。蒸出乙醚后，在减压下蒸出 (R)-(＋)-α-苯乙胺粗品。将此粗品溶于 10 mL 乙醇中，加热至沸，向溶液中加入约 0.4 g 浓硫酸的乙醇溶液 25 mL，放置后，析出白色片状 (R)-(＋)-α-苯乙胺的硫酸盐，滤出晶体，浓缩母液后可得到第二次结晶物。将所得晶体溶于 2.5 mL 热水中，沸腾后加入适量丙酮至浑浊。再滴加沸水至澄清，放置冷却后析出白色针状结晶。过滤后再用 5 mL 水，3 mL 50％氢氧化钠溶液溶解，每次用 5 mL 乙醚萃取三次，合并萃取液用无水硫酸镁干燥。蒸去乙醚后，减压蒸馏，收集 72～74 ℃/2.27 kPa（17 mmHg）馏分，得 (R)-(＋)-α-苯乙胺，晾干并计算产率。

3. 测定比旋光度

用移液管移取 10 mL 甲醇于盛胺的烧杯中，振摇使胺溶解。溶液的总体积接近 10 mL。根据胺的质量和总体积，计算出胺的浓度（g/mL）。将溶液置于 2 dm 的旋光管中，测定旋光度及比旋光度，并计算拆分后胺的光学纯度。纯 (S)-(−)-α-苯乙胺的比旋光度为 −39.5°；纯 (R)-(＋)-α-苯乙胺比旋光度为 ＋39.5°。

实验时间约 8 h。

【操作要点及注意事项】

[1] 应分批加入 α-苯乙胺，小心操作，以免混合物沸腾或起泡溢出。

[2] 必须得到菱状结晶，这是实验成功的关键。若潜液中所析出针状晶体，可缓慢加热混合物到恰好针状晶体完全溶解而菱状晶体尚未开始溶解为止，重新放置过夜。

【思考题】

你认为拆分实验中的关键是什么？如何控制反应条件，才能分离好旋光异构体？

实验二十四　8-羟基喹啉的制备

【安全须知】

邻硝基苯酚有毒，使用时远离明火。邻氨基苯酚会被皮肤吸收引起皮炎，使用时尽量避免与皮肤接触。

【实验目的】

1. 学习合成 8-羟基喹啉的原理和方法。
2. 巩固回流加热和水蒸气蒸馏等基本操作。
3. 掌握 8-羟基喹啉的制备原理和方法。

【实验原理】

斯克劳普（Skraup）合成反应是制备杂环化合物喹啉及其衍生物最重要的方法。将苯胺与丙三醇（甘油）、浓硫酸及弱氧化剂硝基化合物等加热可得到喹啉（quinoline）。浓硫酸的作用是使甘油脱水成丙烯醛，并使苯胺与丙烯醛的加成物脱水成环。硝基化合物则将 1,2-二氢喹啉氧化成喹啉，本身被还原成芳胺也可以参加缩合。

8-羟基喹啉（8-hydroxyquinoline）的制备与喹啉类似，反应如下：

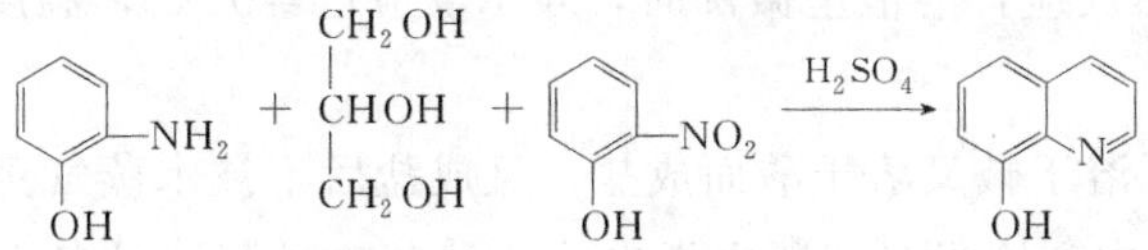

8-羟基喹啉是重要的中间体，是制备染料和药物的中间体，如可作为合成氯碘喹啉、丙卡特罗的原料，其硫酸盐和铜盐络合物是优良的杀菌剂。8-羟基喹啉也可用作沉淀和分离金属离子的络合剂和萃取剂。

【实验准备】

仪器：圆底烧瓶，恒压滴液漏斗，球形冷凝管，水蒸气蒸馏装置，布氏漏斗，抽滤瓶。

药品：无水甘油，邻硝基苯酚，邻氨基苯酚，浓硫酸，氢氧化钠，饱和碳酸钠溶液，乙醇。

【物理常数】

表 4-14　主要原料及产品的物理常数

药品名称	分子量	物态	相对密度 (d_4^{20})	熔点/℃	沸点/℃	溶解度		
						水	乙醇	乙醚
甘油	92.09	无色液体	1.261	18.17	290	∞	∞	易溶
邻硝基苯酚	139.11	淡黄色晶体	1.495	44～45	216	溶	易溶	易溶
邻氨基苯酚	109.13	白色晶体	1.328	172～177	164	易溶	易溶	易溶

续表

药品名称	分子量	物态	相对密度 (d_4^{20})	熔点/℃	沸点/℃	溶解度		
						水	乙醇	乙醚
8-羟基喹啉	145.16	白色晶体	1.034	75～76（分解）	267	不溶	易溶	不溶

【实验内容】

在 100 mL 圆底烧瓶中加入 9.5 g（7.5 mL，0.1 mol）无水甘油[1]，1.8 g（0.013 mol）邻硝基苯酚和 2.8 g（0.026 mol）邻氨基苯酚，振摇，使之充分混合。在振荡下慢慢滴入 4.5 mL 浓硫酸。装上回流冷凝管，在电热套上用小火加热。当溶液微沸后，立即移去热源，反应大量放热[2]。待反应缓和后，继续小火加热，微沸回流 1.5 h。稍冷后，进行水蒸气蒸馏，以除去未反应的邻硝基苯酚。待瓶内液体冷却后，慢慢加入由 6 g 氢氧化钠和 6 mL 水配成的溶液，摇匀后，再小心滴入饱和碳酸钠溶液，使反应液呈中性[3]，然后进行水蒸气蒸馏，收集含有 8-羟基喹啉的馏出液 200～250 mL。馏出液在冷却过程中不断有晶体析出，待充分冷却后抽滤、洗涤，干燥后得粗品，进一步用约 25 mL 乙醇/水（体积比 4∶1）混合溶剂进行重结晶得 8-羟基喹啉，晾干，计算收率。

实验时间约 6 h。

【操作要点及注意事项】

［1］本实验所用甘油含水量必须少于 0.5%，否则 8-羟基喹啉的产率会降低。

［2］此反应为放热反应，溶液呈微沸时，表示反应已经开始，温度不宜过高，以免溶液冲出容器。

［3］8-羟基喹啉既溶于碱又溶于酸而成盐，且成盐后不被水蒸气蒸馏出来。因此，要严格控制 pH＝7～8。当中和恰当时，瓶内析出的 8-羟基喹啉沉淀最多。

【思考题】

1. 为什么第一次水蒸气蒸馏要在酸性条件进行，第二次要在中性条件下进行？

2. 在反应中如用对甲基苯胺作原料应得到什么产物？硝基化合物应如何选择？

第五章
创新性实验

实验二十五　超声波辐射合成扁桃酸

【安全须知】

苯甲醛、氯仿是有毒的刺激性液体，应在通风橱中小心取用。

【实验目的】

1. 掌握相转移反应的原理。
2. 初步了解超声辐射合成技术。

【实验原理】

20 世纪 20 年代在美国普林斯顿大学化学实验室发现超声波有加速反应的作用，80 年代中期超声波在化学中的应用迅速发展，超声波在有机化学中已被应用于氧化反应、还原反应、加成反应、缩聚反应和水解反应等。超声化学方法遵循绿色化学原则，是一种方便、迅速、有效、安全的合成技术。超声波作为一种新的能量形式用于有机化学反应，使很多以往不能进行或难以进行的反应得以顺利进行，因此优于传统的搅拌、外加热方法。

本实验采用超声波技术，以相转移催化法合成扁桃酸（mandelic acid），反应方程式如下：

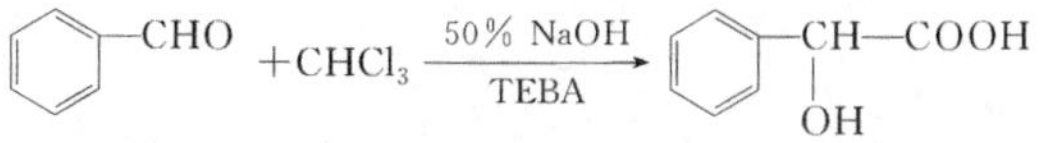

$$\text{C}_6\text{H}_5\text{—CHO} + \text{CHCl}_3 \xrightarrow[\text{TEBA}]{50\% \text{ NaOH}} \text{C}_6\text{H}_5\text{—CH—COOH} \quad (\text{OH})$$

扁桃酸的化学名为 α-羟基苯乙酸，又名苦杏仁酸，是尿路杀菌剂，用于消毒，也是通用试剂，用于有机合成及医药工业。

【实验准备】

仪器：三颈圆底烧瓶，恒压滴液漏斗，温度计，球形冷凝管，KQ-200KDE 超声波清洗器。

药品：苯甲醛，氯仿，苄基三乙基氯化铵（TEBA），50％氢氧化钠，乙醚，50％硫酸，无水硫酸钠，乙酸乙酯。

【物理常数】

表 5-1　主要原料及产品的物理常数

名称	分子量	物态	相对密度	熔点/℃	沸点/℃	溶解度		
						水	乙醇	乙醚
苯甲醛	106.12	无色液体	1.050	−26	179.5	微溶	∞	∞
TEBA	227.78	白色粉末	1.700	185	—	溶	溶	溶
氯仿	119.38	无色液体	1.480	−63.7	61.2	不溶	∞	∞
苦杏仁酸	152.14	白色结晶	1.300	120~122	214.6	溶	溶	易溶

【实验内容】

在 100 mL 三颈圆底烧瓶中加入 10 mL 新蒸苯甲醛[1]、20 mL 氯仿和一定量的 TEBA，装上冷凝管、恒压滴液漏斗和温度计，放入超声波清洗槽中，圆底烧瓶底部位于扬声器正上方约 5 cm 处，清洗槽水面高于烧瓶内反应物液面约 4 cm。超声分散 20 min 后开始加热，当温度上升到 58 ℃时，开始缓慢滴加 50% NaOH 溶液 25 mL[2]。控制温度在 58~60 ℃，滴加完毕，再继续超声作用 1 h，停止超声辐射。在反应混合物中加入适量的水，使固体物完全溶解，倒入分液漏斗中，除去下层氯仿层。水层用乙酸乙酯洗涤 2 次，再用 50%（体积分数）H$_2$SO$_4$ 酸化至 pH 值约为 1，然后用乙酸乙酯分次提取，合并提取液，减压蒸去乙酸乙酯，得微黄色固体物质，粗产物在甲苯中重结晶得白色结晶，干燥并计算产率。

实验时间约 2 h。

【操作要点及注意事项】

[1] 苯甲醛若放置过久，使用前应先作纯化处理。

[2] 严格控制氢氧化钠的滴加速度和反应温度，控制在 1 h 内滴完。

【思考题】

请写出反应的机理。

实验二十六 超声波辐射合成 3, 4-二氢嘧啶-2 (1H)-酮

【安全须知】

苯甲醛、乙酰乙酸乙酯是有毒的刺激性液体，应在通风橱中小心取用。

【实验目的】

1. 通过本实验掌握"一锅煮"法合成 3,4-二氢嘧啶-2(1H)-酮的原理。

2. 通过本实验，初步了解超声辐射合成技术。

【实验原理】

3,4-二氢嘧啶-2(1H)-酮衍生物（DHPMS）具有钙拮抗、降压、α_{1A} 受体拮抗和抗癌等活性，可用作钙通道阻滞剂、抗过敏剂、降压剂、拮抗剂等。此外，其还可以作为研制抗癌药物的先导物。二氢嘧啶酮衍生物经典的合成方法早在 1893 年由意大利化学家 Biginelli 首次报道，他利用乙酰乙酸乙酯、脲和芳香醛三组分在浓盐酸催化下，采用"一锅煮"法制得，这一合成方法被称为 Biginelli 缩合反应。经典的 Biginelli 缩合反应存在反应时间长、产率较低等缺点。本实验采用超声波技术合成 3,4-二氢嘧啶-2(1H)-酮，方程式如下：

【实验准备】

仪器：圆底烧瓶，布氏漏斗，抽滤瓶，玻璃棒，超声波反应器，水泵等。

药品：3-甲基苯甲醛，尿素，浓硫酸，无水乙醇，乙酰乙酸乙酯。

【物理常数】

表 5-2 主要原料及产品的物理常数

名称	分子量	物态	相对密度	熔点/℃	沸点/℃	溶解度		
						水	乙醇	乙醚
3-甲基苯甲醛	120.15	无色液体	1.019	<25	199	微溶	∞	∞
乙酰乙酸乙酯	130.14	无色液体	1.0282	−45.8	185	微溶	溶	溶
尿素	60.06	白色晶体	1.335	132.7	196	易溶	溶	溶
3,4-二氢嘧啶-2(1H)-酮	152.14	白色结晶	1.300	228	—	微溶	溶	易溶

【实验内容】

向 50 mL 圆底烧瓶中依次加入 3-甲基苯甲醛（3.6 g，0.03 mol），浓硫酸 10 滴[1]，乙酰乙酸乙酯（0.39 g，0.03 mol），尿素（0.27 g，0.045 mol）和无水乙醇 25 mL，用封口

膜封紧瓶口，置于超声波反应器中，超声回流反应 20 min，TLC 跟踪反应进程，反应后加入几滴冰水，抽滤，用无水乙醇洗涤，干燥得产品。

实验时间约 1.5 h。

【操作要点及注意事项】

[1] 严格控制浓硫酸的滴加速度和反应温度，不宜过快。

【思考题】

1. 请写出反应的机理。
2. 请查阅文献指出"一锅煮"法的优点。

实验二十七 微波辐射合成乳酸正丁酯

【安全须知】

硫酸氢钠对眼睛、皮肤、黏膜和上呼吸道等具有强烈刺激作用和腐蚀性，如沾到皮肤上应立即用清水冲洗。

【实验目的】

1. 掌握乳酸正丁酯的合成原理及方法。
2. 初步掌握微波辐射技术。

【实验原理】

微波是频率大约在 300 Hz～300 GHz，即波长在 100 cm～1 mm 范围内的电磁波。微波用于有机合成反应始于 1986 年 Gedye 等研究的在微波炉密闭封管内和常规条件下进行的酯化、水解、氧化和亲核取代反应，结果发现微波可不同程度加快上述反应。随后，微波有机合成的研究几乎涉及了有机合成反应的各个领域，形成了一门全新的交叉科学——MORE 化学（microwave-induced organic reaction enhancement）。微波技术作为一种新技术，与传统加热相比，微波加热具有反应速度快、环境污染小、操作简化、副反应少等优点。目前，被广泛用于取代反应、水解反应、成环反应、缩合反应等。

本实验将采用微波辐射技术，以硫酸氢钠作催化剂，由乳酸和正丁醇合成乳酸正丁酯（n-butyl lactate），反应方程式如下：

$$H_3C{-}CH{-}COOH + n{-}C_4H_9OH \xrightarrow[\text{MW}]{\text{NaHSO}_4} H_3C{-}CH{-}COOCH_2CH_2CH_2CH_3$$
$$\quad\quad | \quad\quad\quad\quad\quad\quad\quad\quad\quad\quad\quad\quad\quad\quad\quad\quad | $$
$$\quad\quad OH \quad\quad\quad\quad\quad\quad\quad\quad\quad\quad\quad\quad\quad\quad OH$$

乳酸正丁酯是一类重要的 α-羟基类化合物，为无色稳定液体，气味温和，是一种性能优良、用途广泛的高沸点的溶剂，可用于硝基纤维素、乙基纤维素、油类、染料、天然树胶和合成聚合物的溶剂，也是一种重要的食用合成香料，主要用于食用香精的调配中。

【实验准备】

仪器：圆底烧瓶，空气冷凝管，球形冷凝管，分水器，分液漏斗，蒸馏头，温度计，直形冷凝管，真空接引管，格兰仕（Galans）家用微波炉（最大输出功率 700 W）。

药品：乳酸（质量分数为 80%～85%），正丁醇，硫酸氢钠，饱和 Na_2CO_3 溶液，饱和食盐水。

【物理常数】

表 5-3　主要原料及产品的物理常数

名称	分子量	物态	相对密度	熔点/℃	沸点/℃	溶解度		
						水	乙醇	乙醚
乳酸	90.08	无色液体	1.209	16.8	122	∞	∞	不溶
正丁醇	74.12	无色液体	0.8098	−88.6	117.6	溶	∞	∞
硫酸氢钠	120.06	白色粉末	2.435	>315	61.2	溶	微溶	不溶
乳酸正丁酯	146.19	无色液体	0.984	−28	188	微溶	易溶	易溶

【实验内容】

在 100 mL 圆底烧瓶中依次加入 4.5 g 乳酸（3.7 mL，0.05 mol）、11.1 g 正丁醇（13.7 mL，0.15 mol）和 0.35 g 硫酸氢钠。将其置于经改装的微波炉内，将空气冷凝管穿过微波炉顶的小孔与圆底烧瓶相连，空气冷凝管的上口接连有分水器的球形冷凝管并通水[1]。调节微波辐射功率至 462 W，微波辐射 7 min，静置冷却至室温。将反应液移至分液漏斗中，依次用水、饱和 Na_2CO_3 溶液洗至中性，再用饱和食盐水洗涤，分去水层，酯层[2] 转入蒸馏烧瓶中，先蒸出前馏分，再收集 186~188 ℃馏分。将前馏分经干燥后重蒸 1 次，收集上述沸程馏分，合并两次产品。称量得无色乳酸正丁酯液体 6.9 g（收率为 94%）。

实验时间约 2 h。

【操作要点及注意事项】

[1] 安装实验装置时，注意装置的稳固性。

[2] 注意产品层在上层。

【思考题】

1. 依次用水、饱和 Na_2CO_3 溶液、饱和食盐水洗涤的目的是什么？

2. 为什么前馏分经干燥后还要重蒸 1 次？

实验二十八 一种不对称1,4-二氢吡啶化合物的水相合成及表征

【安全须知】

乙酰乙酸乙酯和醋酸铵对眼睛、皮肤、黏膜和上呼吸道均具有一定的刺激作用，使用时应在通风良好的环境操作，并使用防护口罩、手套和防护眼镜。

【实验目的】

1. 掌握不对称1,4-二氢吡啶类衍生物的绿色合成方法。
2. 掌握重结晶等分离提纯技术。
3. 了解通过核磁共振氢谱谱图分析来确证化合物结构的方法。

【实验原理】

1,4-二氢吡啶（1,4-dihydropyridines）类钙通道阻滞药，具有很强的扩张血管作用，在临床上可用于治疗高血压、心绞痛、充血性心力衰竭和动脉粥状硬化等心脑血管疾病。在二氢吡啶环的3、5位引入不同的酯基，可使C4具有手性，得到不对称的1,4-二氢吡啶衍生物。该类化合物以消旋体形式进入体内，能透过血脑屏障，作用于脑血管平滑肌，用于治疗脑出血后遗症、脑梗死后遗症等各种缺血性脑血管疾病，以及胃肠道疾病、雷诺病，亦作为治疗肺动脉高压和癫痫的辅助药物。

不对称的1,4-二氢吡啶类化合物通常采用两步合成法，即先使用氨和乙酰乙酸甲酯制备中间体β-氨基巴豆酸酯，进一步与芳香醛反应制得，该反应需要在有机溶剂体系中进行，且收率较低。随着人们对人类生存环境的日益重视，对环境无污染的绿色合成已成为有机化学研究的主要方向。水溶液中制备不对称1,4-二氢吡啶类化合物，具有反应时间短、产率高、后处理方便、污染少等优点。本实验以芳香醛、乙酰乙酸乙酯、二甲基环己二酮和醋酸铵为反应物，以苄基三乙基氯化铵（TEBA）为相转移催化剂，在水中一步反应制备不对称1,4-二氢吡啶类化合物，反应方程式如下：

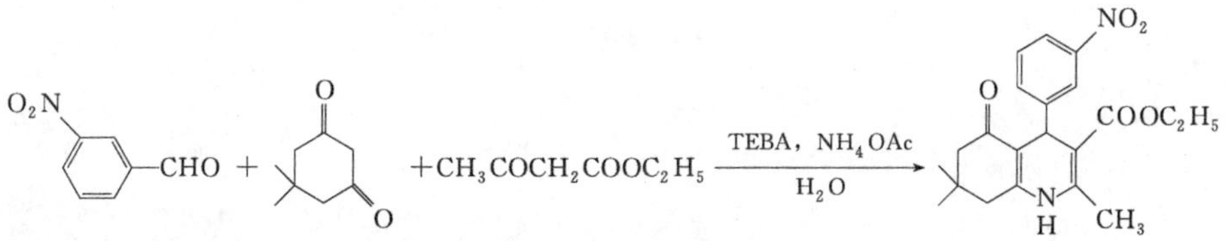

【实验准备】

仪器：磁力搅拌器，球形冷凝管，温度计，油浴锅，干燥管，分液漏斗，布氏漏斗，抽滤瓶，锥形瓶，圆底烧瓶，烧杯。

药品：3-硝基苯甲醛，乙酰乙酸乙酯，二甲基环己二酮，醋酸铵，TEBA，95%乙醇，$CDCl_3$溶液，蒸馏水。

【物理常数】

表 5-4　主要原料的物理常数

药品名称	分子量	物态	相对密度 (d_4^{20})	熔点/℃	沸点/℃	溶解度		
						水	乙醇	乙醚
3-硝基苯甲醛	151.12	无色液体	1.2792	56	304	不溶	易溶	易溶
乙酰乙酸乙酯	130.14	无色液体	1.0282	−39	180.8	微溶	易溶	易溶
二甲基环己二酮	140.18	绿黄色晶体	1.0373	146~148	216.69	难溶	易溶	微溶
醋酸铵	77.08	白色晶体	1.07	110~112	138.46	溶	溶	微溶

【实验内容】

1. 1,4-二氢吡啶衍生物——2,7,7-三甲基-4-(3′-硝基苯基)-5-氧代-1,4,5,6,7,8-六氢喹啉-3-甲酸乙酯的水相合成

在 50 mL 圆底烧瓶中加入 3-硝基苯甲醛（2.0 mmol，0.302 g）、乙酰乙酸乙酯（4.0 mmol，0.520 g）、二甲基环己二酮（2 mmol，0.280 g）、醋酸铵（5.0 mmol，0.385 g）、TEBA（0.15 g）[1]，加入 10 mL 蒸馏水作溶剂。在 90 ℃搅拌下反应 2 h，产生大量黄色固体后停止加热，冷却，抽滤，用 95％乙醇重结晶，得到目标产物，计算收率。

2. 结构确证

取 5 mg 左右产物放入核磁管，加入 1.5 mL 左右 $CDCl_3$ 溶液，盖好核磁管帽，使用 400 MHz 核磁共振仪匀场、扫描后，得到核磁共振氢谱并进行解析，分析并确定化合物结构。

【操作要点及注意事项】

[1] TEBA 是一种季铵盐，易潮解，使用后应及时盖上瓶盖。

【思考题】

1. 有机化合物的结构确证还有哪些方法？

2. 查阅文献了解不对称 1,4-二氢吡啶类化合物的绿色合成法还有哪些？

实验二十九 离子液体——氯化 1-丁基-3-甲基咪唑盐的合成

【安全须知】

氯代正丁烷易燃，加热分解时，可产生光气，应注意安全，如沾到皮肤上，用肥皂水和清水彻底冲洗。

【实验目的】

1. 初步掌握离子液体的制备方法。
2. 学习氮气保护操作。
3. 了解离子液体的应用。

【实验原理】

离子液体由带正电的离子和带负电的离子组成，现在多指在低于 100 ℃时呈液体状态的熔盐。与典型的有机溶剂不一样，离子液体一般不会成为蒸气，所以在化学实验过程中不会产生对大气造成污染的有害气体，而且使用方便。更能引起化学家感兴趣的是，离子液体可以反复多次使用。此外，用离子液体作催化剂还可加速化学反应的过程。早在 19 世纪，科学家就在研究离子液体，但当时没有广泛引起人们的兴趣。20 世纪 70 年代初，美国空军学院的科学家威尔克斯开始倾心研究离子液体，尝试为导弹和空间探测器开发更好的电池。到了 20 世纪 90 年代末，已有许多科学家参与离子液体的研究。

最近的研究成果表明，用离子液体可有效地提取工业废气中的二氧化碳。总之，离子液体的无味、无污染、不易燃、易与产物分离、易回收、可反复多次循环使用、使用方便等优点，已使其成为传统挥发性溶剂的理想替代品，成为名副其实的、环境友好的**绿色溶剂**。其适合于当前所倡导的清洁技术和可持续发展的要求，已经越来越被人们广泛认可和接受。

目前，阳离子为咪唑类的离子液体是比较常用的，是应用最广泛的离子液体。本实验将在氮气保护下，以 N-甲基咪唑与氯代正丁烷为反应原料制备具有良好的溶剂性质和催化性质的氯化 1-丁基-3-甲基咪唑盐离子液体，反应方程式如下：

【实验准备】

仪器：电动搅拌器，球形冷凝管，温度计，氮气导管，三颈圆底烧瓶，抽滤瓶，布氏漏斗。

药品：N-甲基咪唑，氯代正丁烷，乙酸乙酯。

【物理常数】

表 5-5　主要原料及产品的物理常数

名称	分子量	物态	相对密度	熔点/℃	沸点/℃
N-甲基咪唑	82.01	无色液体	1.036	−60	198
氯代正丁烷	92.57	无色液体	0.89	−123.1	78
氯化 1-丁基-3-甲基咪唑盐	174.67	白色固体	—	73	—

【实验内容】

在装有电动搅拌器、回流冷凝管、温度计和氮气导管的 100 mL 三颈圆底烧瓶中依次加入 4.9 g（4.75 mL，0.06 mol） N-甲基咪唑[1] 与 4.6 g（5.2 mL，0.05 mol）氯代正丁烷，通氮气保护，并于 70 ℃搅拌反应 4 h，得到的黏稠液体在 0 ℃冷却 1 h 后结晶。抽滤晶体，同时用少量乙酸乙酯反复洗涤，在 70 ℃下真空干燥脱除残留的乙酸乙酯后，得到白色氯化 1-丁基-3-甲基咪唑盐固体产品干燥并计算收率。

实验时间约 6 h。

【操作要点及注意事项】

[1] 取用 N-甲基咪唑要迅速，不要在空气中久置，以免变质。

【思考题】

1. N-甲基咪唑能否直接制备？试查阅资料写出其制备步骤。

2. 本实验为什么需要氮气保护？

实验三十　甲基橙的合成与棉布的染色

【安全须知】

对氨基苯磺酸和 N,N-二甲基苯胺对皮肤有刺激作用，使用时要小心，不要接触皮肤，避免吸入蒸气。如 N,N-二甲基苯胺接触皮肤，应立即用 2% 醋酸洗，再用肥皂水洗。

【实验目的】

1. 掌握重氮盐制备的原理和方法，重氮盐与芳胺、酚生成偶氮化合物的原理和方法。
2. 巩固盐析和重结晶的操作。
3. 掌握反应试剂的用量和反应条件的控制。

【实验原理】

制备甲基橙（methyl orange）一般是先将对氨基苯磺酸重氮化制成对氨基苯磺酸重氮盐，再与 N,N-二甲基苯胺的醋酸盐在弱酸性缓冲介质中偶联得到。反应方程式如下：

$$H_2N\!\!-\!\!\langle\ \rangle\!\!-\!\!SO_3H + NaOH \longrightarrow H_2N\!\!-\!\!\langle\ \rangle\!\!-\!\!SO_3Na + H_2O$$

$$H_2N\!\!-\!\!\langle\ \rangle\!\!-\!\!SO_3Na \xrightarrow[HCl]{NaNO_2} \left[NaO_3S\!\!-\!\!\langle\ \rangle\!\!-\!\!N\!\!\equiv\!\!N\right]^+ Cl^-$$

$$\xrightarrow[HOAc]{C_6H_5N(CH_3)_2} \left[HO_3S\!\!-\!\!\langle\ \rangle\!\!-\!\!N\!\!=\!\!N\!\!-\!\!\langle\ \rangle\!\!-\!\!N(CH_3)_2\right]^+ OAc^-$$

$$\xrightarrow{NaOH} NaO_3S\!\!-\!\!\langle\ \rangle\!\!-\!\!N\!\!=\!\!N\!\!-\!\!\langle\ \rangle\!\!-\!\!N(CH_3)_2 + NaOAc + H_2O$$

重氮化反应（diazotization）是芳香族伯胺特有的性质，生成的化合物为重氮盐（diazonium salt），以通式 $ArN_2^+X^-$ 表示。芳香族重氮盐作为有机合成的中间体，可用于合成多种有机化合物，无论在工业或实验室制备中它都具有很重要的价值。但要注意的是制成的**重氮盐不宜长时间存放**，应尽快进行下一步反应。由于大多数重氮盐在干燥的固态状态下受热或振荡能发生爆炸，所以通常不需要分离，而是将得到的水溶液直接用于下一步合成。

重氮盐的用途很广，其反应可分为两类：一类是氢被取代的反应；另一类是保留氮的反应，即重氮盐与相应的芳香胺或酚类发生偶联反应，生成偶氮染料。偶氮染料是迄今为止仍然普遍使用的最重要的染料之一，在染料工业中占有重要的地位。为了改善颜色和提高染色效果，偶氮染料必须含有成盐的基团，如酚羟基、氨基、磺酸基和羧基等。

胺的偶联反应，通常在中性或弱酸性介质（pH＝4～7）中进行，通过加入缓冲剂醋酸钠加以调节；酚的偶联反应与胺相似，为了使酚成为更活泼的酚氧基负离子并与重氮盐发生偶联，反应需在中性或弱碱性介质（pH＝7～9）中进行。

对氨基苯磺酸是一种两性化合物，其酸性比碱性强，能形成酸性内盐，它易与碱作用生成易溶的钠盐而难与酸作用成盐。由于重氮化反应又必须在酸性介质中完成，因此，首先要将对氨基苯磺酸与氢氧化钠作用，转化为可溶的对氨基苯磺酸钠。再在酸性条件下，使对氨基苯磺酸钠转变为对氨基苯磺酸从溶液中析出，并立即与亚硝酸钠在酸性条件下发生重氮化反应，生成粉末状的重氮盐，再与 N,N-二甲基苯胺发生反应，生成甲基橙。

甲基橙是一种酸碱指示剂，在中性或碱性介质中呈黄色，在酸性介质（pH＜3）中呈红色。它的变色范围是 pH 3.0（红色）～4.4（黄色）。

【实验准备】

仪器：烧杯，表面皿，圆底烧瓶，水银温度计，抽滤瓶，布氏漏斗。

药品：对氨基苯磺酸，5％氢氧化钠溶液，亚硝酸钠，浓盐酸，冰醋酸，N,N-二甲基苯胺，乙醇，乙醚，淀粉-碘化钾试纸。

【物理常数】

表 5-6　主要原料及产品的物理常数

名称	分子量	物态	相对密度 (d_{20}^4)	熔点/℃	沸点/℃	溶解度		
						水	乙醇	乙醚
对氨基苯磺酸	173.18	无色结晶	1.485	288	500	微溶	∞	∞
亚硝酸钠	69.01	白色晶体	2.168	271	320	易溶	微溶	微溶
N,N-二甲基苯胺	121.18	无色液体	0.956	2.45	194	微溶	溶	溶
甲基橙	327.33	橙色结晶	0.987	＞300	100	微溶	不溶	不溶

【实验内容】

1. 重氮盐的制备

在 50 mL 烧杯中加入 1.05 g 对氨基苯磺酸结晶（约 0.005 mol）和 5 mL 5％氢氧化钠溶液（0.0065 mmol），温热使其溶解，用冰盐浴冷却至 0 ℃以下。另在一支试管中配制 0.4 g 亚硝酸钠和 3 mL 水的溶液，并将配制好的亚硝酸钠溶液加入上述烧杯中。维持反应温度 0～5 ℃[1]，边不断搅拌边慢慢用滴管滴入盐酸水溶液（1.5 mL 浓盐酸于 5 mL 水中），直至淀粉-碘化钾试纸检测呈现蓝色为止[2]。继续在冰盐浴中放置 15 min，使反应完全[3]。

2. 偶联反应

在试管中加入 0.6 mL N,N-二甲基苯胺（5 mmol，约 12 滴）和 0.5 mL 冰醋酸（约 10 滴），并混匀。在不断搅拌下，将此混合液缓慢加到上述冷却的重氮盐溶液中，加完后继续搅拌 10 min。缓缓加入约 13 mL 5％氢氧化钠溶液，直至反应物变为橙色（此时反应液为碱性）。粗制的甲基橙呈细粒状沉淀析出。

将反应物置于沸水浴中加热 5 min[4]，冷却后，再放置于冰浴中冷却，使甲基橙晶体尽可能完全析出。抽滤，依次用少量水、乙醇洗涤，抽滤得粗品。将粗品用 1％氢氧化钠的沸水（每克粗产物约需 25 mL）进行重结晶。待结晶析出完全，抽滤，依次用少量水、乙醇和乙醚洗涤，压紧抽干，得片状结晶。干燥产品，计算产量[5]。

将少许甲基橙溶于水中，加几滴稀盐酸，然后再用稀碱中和，观察颜色变化。

3. 棉布染色

取 1 mL 苯胺，放在小烧杯中，加 3 mL 浓盐酸和 5 mL 水，把烧杯浸在冰水中，冷至 0 ℃。另取 1 g 亚硝酸钠溶在 5 mL 水中，搅拌下，慢慢加到以上的烧杯里，直至混合液使淀粉-碘化钾试纸显蓝色为止。将此重氮盐溶液保存在冰水中待用。

将 0.2 g 的 β-萘酚、4 mL 10％氢氧化钠溶液加入小烧杯中，充分振荡使之溶解，再加入 10 mL 水稀释，得到溶液备用。将一小条洁净的白棉布浸入此溶液中，并用玻璃棒搅动使之浸渍并充分均匀，10 min 后取出棉布，并沥去大部分溶液。

取前面制得重氮盐溶液 5 mL，加入 2 mL 饱和醋酸钠溶液、1～2 块碎冰，再将棉布放入溶液中，立即染成鲜橙色，继续在 0～5 ℃温度下保持 10 min，并不断翻动棉布使其充分染色。

实验时间约 4～6 h。

【操作要点及注意事项】

［1］大多数重氮盐很不稳定，室温下会分解，故必须严格控制反应温度在 0～5 ℃。但当氨基的邻或对位有强的吸电子基如硝基或磺酸基时，其重氮盐比较稳定，温度可以稍高一点。

［2］重氮化反应还必须注意控制亚硝酸钠的用量，若亚硝酸钠过量，则生成的多余的亚硝酸会使重氮盐氧化而降低产率，因而在滴加亚硝酸钠溶液时，必须用淀粉-碘化钾试纸试验，直至试纸刚变蓝为止。若试纸不显色，需补充亚硝酸钠溶液。

［3］此时往往析出对氨基苯磺酸的重氮盐。这是因为重氮盐在水中可以电离，形成中性内盐，在低温时难溶于水而形成细小晶体析出。

［4］重结晶操作要迅速，否则由于产物呈碱性，在温度高时易变质，颜色变深。

［5］若反应物中含有未作用的 N,N-二甲基苯胺醋酸盐，在加入氢氧化钠后，就会有难溶于水的 N,N-二甲基苯胺析出，影响产物的纯度。湿的甲基橙在空气中受光的照射后，颜色很快变深，所以一般得到紫红色粗产物。

【思考题】

1. 在重氮盐制备前为什么还要加入氢氧化钠？如果直接将对氨基苯磺酸与盐酸混合后，再加入亚硝酸钠溶液进行重氮化操作行吗？为什么？

2. 制备重氮盐为什么要维持 0～5 ℃的低温，温度高有何不良影响？

3. 重氮化为什么要在强酸条件下进行？偶合反应为什么要在弱酸条件下进行？

实验三十一　植物生长调节剂——2,4-二氯苯氧乙酸的制备

【安全须知】

金属钠遇水或酸极易燃烧爆炸。切金属钠后沾有钠屑的纸不得随意丢弃。

【实验目的】

1. 学习 2,4-二氯苯氧乙酸的制备原理和方法。
2. 熟悉搅拌、重结晶等实验操作技术。

【实验原理】

植物生长调节剂（plant growth regulator）是一类与植物激素具有相似生理和生物学效应的物质。已发现具有调控植物生长和发育功能的物质有生长素、赤霉素、茉莉酸和多胺等，目前，一些与生长调节剂功能类似的化合物已被合成，如具有代表性的合成植物生长激素——2,4-二氯苯氧乙酸（2,4-dichlorophenoxy acetic acid），它就是一种有效的除草剂。其合成步骤如下：

$$ClCH_2COOH \xrightarrow{Na_2CO_3} ClCH_2COONa \xrightarrow{C_6H_5OH} \langle C_6H_5 \rangle-OCH_2COONa \xrightarrow{HCl} \langle C_6H_5 \rangle-OCH_2COOH$$

$$\xrightarrow[FeCl_3]{HCl,\ H_2O_2} Cl-\langle C_6H_4 \rangle-OCH_2COOH \xrightarrow[H^+]{NaClO} Cl-\langle C_6H_3 \rangle-OCH_2COOH \ (Cl)$$

首先由苯酚钠和氯乙酸通过 Williamson 合成法制备苯氧乙酸，进一步氯化，可得到对氯苯氧乙酸和 2,4-二氯苯氧乙酸。前者又称防落素，可以减少农作物落花落果。后者又名除莠剂，是一种选择性高效有机除草剂，还可用作测定钍的试剂。

【实验准备】

仪器：三颈圆底烧瓶，电动搅拌器，球形冷凝管，恒压滴液漏斗，分液漏斗，烧杯，水银温度计，圆底烧瓶，抽滤瓶，布氏漏斗。

药品：氯乙酸，苯酚，饱和碳酸钠溶液，35%氢氧化钠溶液，冰醋酸，浓盐酸，过氧化氢（33%），次氯酸钠，乙醇，乙醚，四氯化碳。

【物理常数】

表 5-7　主要原料及产品的物理常数

名称	分子量	物态	相对密度 (d_{20}^4)	熔点/℃	沸点/℃	溶解度		
						水	乙醇	乙醚
氯乙酸	94.49	无色结晶	1.580	61～63	188	溶	溶	溶
苯酚	94.11	无色晶体	1.071	42～43	182	微溶	易溶	易溶
苯氧乙酸	152.14	白色晶体	1.214	98～101	285	微溶	溶	溶

续表

名称	分子量	物态	相对密度 (d_{20}^4)	熔点/℃	沸点/℃	溶解度		
						水	乙醇	乙醚
对氯苯氧乙酸	186.59	白色晶体	1.366	157~159	315	微溶	易溶	溶
2,4-二氯苯氧乙酸	221.03	白色晶体	1.563	137~141	160	不溶	溶	溶

【实验内容】

1. 苯氧乙酸的制备

在装有搅拌器、回流冷凝管和恒压滴液漏斗的 100 mL 三颈圆底烧瓶中，加入 3.8 g 氯乙酸（0.04 mol）和 5 mL 水。开始搅拌，慢慢滴加饱和碳酸钠溶液[1]（约需 7 mL），至溶液 pH 为 7~8，然后加入 2.5 g 苯酚（0.027 mol），再慢慢滴加 35%氢氧化钠溶液至反应混合物 pH 为 12。将反应物在沸水浴中加热约 0.5 h。反应过程中 pH 会下降，应补加氢氧化钠溶液，保持 pH 为 12，在沸水浴上再继续加热 15 min。反应完毕后，将三颈圆底烧瓶移出水浴，趁热转入锥形瓶中，在搅拌下用浓盐酸酸化至 pH 为 3~4。在冰浴中冷却，析出固体，待结晶完全后，抽滤，粗产物用冷水洗涤 2~3 次后，在 60~65 ℃下干燥，产量约 3.5~4 g，测熔点。粗产物可用于对氯苯氧乙酸的制备。

2. 对氯苯氧乙酸的制备

在装有搅拌器、回流冷凝管和恒压滴液漏斗的 100 mL 的三颈圆底烧瓶中加入 3 g（0.02 mol）上述制备的苯氧乙酸和 10 mL 冰醋酸。将三颈圆底烧瓶置于水浴加热，同时开动搅拌器。待水浴温度上升至 55 ℃时，加入少许三氯化铁（约 20 mg）和 10 mL 浓盐酸[2]。当水浴温度升至 60~70 ℃时，在 10 min 内慢慢滴加 3 mL 过氧化氢（33%），滴加完毕后保持此温度再反应 20 min。升高温度使瓶内固体全溶，慢慢冷却，析出结晶。抽滤，粗产物用水洗涤 3 次，并用体积比 1∶3 乙醇-水重结晶，干燥后产量约 3 g。

3. 2,4-二氯苯氧乙酸的制备

在 100 mL 锥形瓶中，加入 1 g（0.006 mol）干燥的对氯苯氧乙酸和 12 mL 冰醋酸，搅拌使固体溶解。将锥形瓶置于冰浴中冷却，在振荡下分批加入 19 mL 5%次氯酸钠溶液[3]。然后将锥形瓶从冰浴中取出，待反应物温度升至室温后再保持 5 min。此时反应液颜色变深。向锥形瓶中加入 50 mL 水，并用 6 mol/L 盐酸酸化至刚果红试纸变蓝。反应物每次用 25 mL 乙醚萃取 2 次。合并醚萃取液，在分液漏斗中用 15 mL 水洗涤后，再用 15 mL 10%碳酸钠溶液萃取产物[4]（小心！有二氧化碳气体逸出）。将碱性萃取液移至烧杯中，加入 25 mL 水，用浓盐酸酸化至刚果红试纸变蓝。抽滤析出的晶体，并用冷水洗涤 2~3 次，粗品用四氯化碳重结晶，干燥后产量约 0.7 g。

实验时间约 8 h。

【操作要点及注意事项】

[1] 为防止氯乙酸水解，先用饱和碳酸钠溶液使之成盐，并且加碱的速度要慢。

[2] 开始滴加时，可能有沉淀产生，不断搅拌后又会溶解。若未见沉淀生成，可再补加 2~3 mL 浓盐酸。

[3] 注意振荡的过程中及时放气。

［4］若次氯酸钠过量，则会使产量降低。

【思考题】

1. 说明本实验中各步反应所要求 pH 的目的和意义。

2. 以苯氧乙酸为原料，如何制备对溴苯氧乙酸？

实验三十二 对氨基苯甲酸乙酯的制备和红外光谱分析

【安全须知】

对甲苯胺是强烈的高铁血红蛋白形成剂，如皮肤接触，应立即用肥皂水和清水彻底冲洗皮肤。

【实验目的】

1. 进一步巩固酯化反应的原理和方法。
2. 了解反应中和剂的选择原则。
3. 了解红外光谱分析测定的意义。

【实验原理】

以简单的原料合成复杂的分子是有机合成的最重要的任务之一，也是有机合成最有活力的领域。科学研究中离不开合成工作。新领域的探索更离不开合成。完成有机合成，除了制定合成路线和策略外，娴熟的实验技巧和个人经验也是必不可少的。因此，当学生掌握了一些最基本的操作技术和完成了一定量的典型制备后，从基本的原料开始，经过几步合成一些较为复杂的分子，是培养学生有机合成基本功不可缺少的练习。

在多步骤有机合成中，由于各步反应的产率低于理论产率，反应步骤一多，总产率必然受到累加的影响，即使只需五步合成，假设每步产率为80%，则其总产率仅为32.8%。虽然几十步的合成是极少数的，但是五步以上的合成在科学研究和工业生产中是较为普遍的。鉴于多步骤反应对总产率的累加影响，人们一直在研究可获得高产率的反应，并改进实验技术以减少每一步的损失，这也是多步骤合成必须重视的问题。

在多步骤有机合成中，有的中间体必须分离提纯，有的也可以不经提纯，直接用于下一步合成，这需要对每步深入了解并根据实际需要恰当地做出选择。

对氨基苯甲酸乙酯（ethyl 4-aminobenzoate），通用名为苯佐卡因，是根据可卡因的结构和药理合成的有局麻作用的化合物，可作为局部麻醉药物，用于创面、溃疡面及痔疮的止痛，也是镇咳药苯佐那酯的中间体，也用于遮蔽日光的防护剂。实验室通常以对氨基苯甲酸为原料，在盐酸或硫酸作用下，与乙醇进行酯化，经进一步还原而得，本实验以对甲苯胺为起始原料，反应共分五步完成，方程式如下：

其中，对氨基苯甲酸的合成涉及三个反应：首先，对甲苯胺用乙酸酐处理转变为相应的酰胺，以保护氨基；第二步是对甲基乙酰苯胺中的甲基被高锰酸钾氧化为相应的羧基，氧化过程中，紫色的高锰酸盐被还原成棕色的二氧化锰沉淀；最后一步是酰胺的水解，除去起保护作用的乙酰基，此反应在稀酸溶液中很容易进行。

对氨基苯甲酸是一种与维生素 B 有关的化合物（又称 PABA），它是维生素 Bc（叶酸）的组成部分。细菌把 PABA 作为组分之一合成叶酸，磺胺药则具有抑制这种合成的作用。

【实验准备】

仪器：圆底烧瓶，球形冷凝管，恒压滴液漏斗，分液漏斗，烧杯，水银温度计，圆底烧瓶，抽滤瓶，布氏漏斗。

药品：对甲苯胺，7 mol/L 醋酸钠，结晶硫酸镁，高锰酸钾，乙醇，20％ H_2SO_4，6 mol/L 盐酸，冰醋酸，浓盐酸，10％氨水，浓硫酸，固体碳酸钠，10％碳酸钠溶液。

【物理常数】

表 5-8　主要原料及产品的物理常数

名称	分子量	物态	相对密度 (d_{20}^4)	熔点/℃	沸点/℃	溶解度		
						水	乙醇	乙醚
对甲苯胺	107.15	白色结晶	1.050	44.5	200	微溶	溶	溶
乙酸酐	102.09	无色液体	1.080	−73	138～140	溶	溶	∞
对甲基乙酰苯胺	149.19	无色晶体	1.212	148～151	307	微溶	溶	溶
对氨基苯甲酸	137.14	无色晶体	1.374	157～159	340	溶	易溶	易溶
对氨基苯甲酸乙酯	165.19	无色晶体	1.170	88～90	172 (2.26 kPa)	难溶	易溶	易溶

【实验内容】

1. 对甲基乙酰苯胺的制备

在装有球形冷凝管的 100 mL 圆底烧瓶中加入 2.5 g（0.023 mol）对甲苯胺、50 mL 水、2.5 mL 浓盐酸[1]，控制反应温度为 50 ℃，再加入 2.7 g（2.5 mL，0.023 mol）乙酸酐，立即加入 7 mol/L 醋酸钠溶液[2] 10 mL，搅拌、冰浴冷却，抽滤，洗涤，干燥得对甲基乙酰苯胺 2.5 g（收率 71.82％，m.p. 154 ℃）。

2. 对乙酰氨基苯甲酸的制备

将制得的对甲基乙酰苯胺和溶有 7.0 g 结晶硫酸镁[3] 的 120 mL 水加入 250 mL 圆底烧瓶中，在水浴中加热 85 ℃，同时准备热的 $KMnO_4$ 溶液（7.0 g/25 mL 沸水），将 $KMnO_4$ 溶液[4] 在半小时内分批加入对甲基乙酰苯胺混合物中，控制反应温度为 85 ℃，继续搅拌 15 min 得深棕色溶液，停止反应，趁热抽滤除去 MnO_2 沉淀，向滤液中加入 1 mL 乙醇，以除去过量的 $KMnO_4$，趁热过滤，滤液加 20％ H_2SO_4 酸化，抽滤压干得对乙酰氨基苯甲酸产品。

3. 对氨基苯甲酸的制备

在 250 mL 圆底烧瓶中加入上述对乙酰氨基苯甲酸湿产品（每克加 5 mL 18％盐酸水

解），并用 6 mol/L 盐酸[5] 约 15 mL 溶解，小火回流 30 min 冷却，加 30 mL 水（每 30 mL 溶液加 1 mL 冰醋酸），用 10％氨水[6] 中和使石蕊试纸呈碱性，冰浴冷却，结晶，抽滤压干。

4. 对氨基苯甲酸乙酯的制备

在干燥的 100 mL 圆底烧瓶中加入 2 g（0.015 mol）对氨基苯甲酸，20 mL（0.34 mol）无水乙醇和 2.5 mL（0.045 mol）浓硫酸，混合均匀后加入沸石并装上冷凝管，水浴加热回流 1～1.5 h。将反应液趁热倒入装有 85 mL 冷水的烧杯中，在不断搅拌下加入碳酸钠固体粉末至液面有少许白色沉淀出现时，慢慢加入 10％碳酸钠溶液，使溶液呈中性，过滤，收集沉淀，少量水洗涤，抽干，空气中晾干。称重并计算产率。

5. 对氨基苯甲酸乙酯的红外光谱测定

待产物晾干后，进行红外光谱测定，在谱图中标出特征峰，并对各峰进行归属。

实验时间约 10～12 h。

【操作要点及注意事项】

[1] 加盐酸使对甲苯胺成为盐酸盐而溶解；加醋酸钠溶液可中和盐酸，游离出 NH_2 以确保酰化顺利进行。

[2] 必须立即加入预先配置好的醋酸钠溶液并充分搅拌，否则乙酸酐水解，难以反应。

[3] 加结晶硫酸镁的目的是保持弱酸体系。

[4] 高锰酸钾溶液分批加入，防止局部浓度过高破坏产物。

[5] 水解的盐酸不要过多。回流时加沸石，时间要充分。如果盐酸用得过多，导致加氨水中和后体积过大，影响晶体析出。

[6] 对氨基苯甲酸为两性物质，酸碱都溶，若用 NaOH 代替氨水中和，难控制溶液酸度。用稀氨水（最好用体积比 1∶1 的氨水）中和时，先快后慢，小心调节，防止过量，中和至 pH 为 8。

【思考题】

1. 多步合成实验操作要注意什么问题？

2. 对甲苯胺用乙酸酐酰化反应中加入醋酸钠的目的何在？

3. 对甲乙酰苯胺用高锰酸钾氧化时，为何要加入硫酸镁结晶？

4. 在氧化步骤中，若滤液有色，需加入少量乙醇煮沸，发生了什么反应？

5. 在水解步骤中，可否用氢氧化钠溶液代替氨水中和？中和后加入醋酸的目的何在？

实验三十三　"点击化学"法合成 1,2,3-三氮唑衍生物

【安全须知】

取用叠氮化合物时，注意轻拿轻放，严禁撞击。称取叠氮化合物注意使用牛角勺，避免发生事故。

【实验目的】

1. 了解点击化学反应的基本概念及反应机理。
2. 掌握点击化学反应在合成 1,2,3-三氮唑中的应用。

【实验原理】

点击化学（click chemistry）又译为"链接化学""速配接合组合式化学"，是由诺贝尔化学奖获得者美国科学家 K. Barry Sharpless 等提出的一类反应。这类反应具有产率高，应用范围广，生成单一的不用色谱柱分离的副产物，反应具有立体选择性，易于操作，反应溶剂易于除去的优点。

点击化学反应主要有 4 种类型：环加成反应、亲核开环反应、非醇醛的羰基化合物的缩合反应及碳碳多键的加成反应。其中，炔和叠氮化合物的 1,3-二极环化反应可实现高产率和区域选择性地合成 1,4-二取代-1,2,3-三唑环。叠氮-炔-1,3-二极环化反应示意图如下：

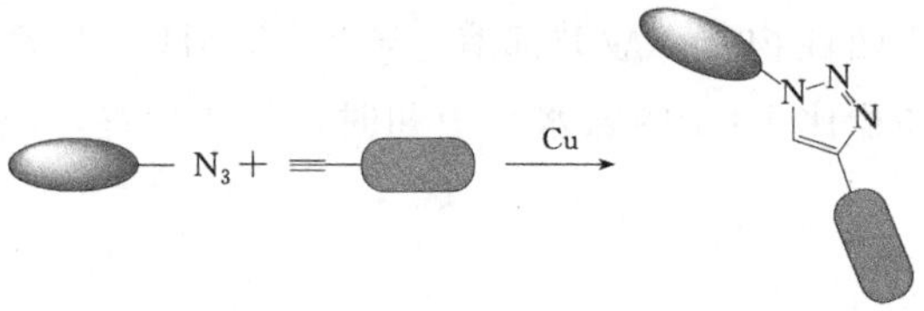

研究表明，1,2,3-三唑环是药物化学中首选的药物基因，含有该结构的化合物大多数具有良好的生物活性。而一旦通过"点击化学"法制备了目标生物分子的"可点击"衍生物，就可以以平行的方式合成多个基于目标生物分子的药物。这一反应克服了传统化学合成的缺点，缩短了不同药物的顺序合成所需的步骤，能更有效地识别线索和优化方案，提高了三唑类结合物库的合成质量。因此，该偶联反应可被广泛应用于制备适用于药物化学、生物医学成像和药物发现的各种药物制剂。

本实验以苄基叠氮和 4-丁基苯乙炔为原料，使用 N,N-二甲基甲酰胺作为溶剂，无水硫酸铜和抗坏血酸钠（维生素钠，VcNa）为催化剂制备含有 1,2,3-三氮唑结构的化合物。反应如下：

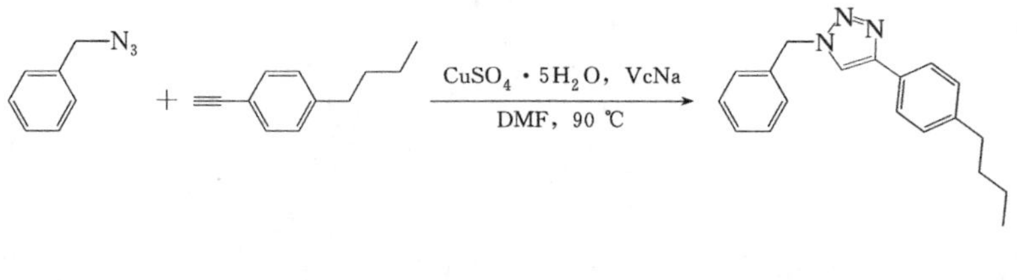

【实验准备】

仪器：旋转蒸发仪，磁力加热搅拌器，回流反应装置，分液漏斗，薄层色谱板，展开槽。

药品：苄基叠氮，4-丁基苯乙炔，无水硫酸铜，抗坏血酸钠，N,N-二甲基甲酰胺。

【物理常数】

表 5-9　主要原料及产品的物理常数

药品名称	分子量	物态	密度(d_4^{20})	熔点/℃	沸点/℃	溶解度		
						水	乙醇	乙醚
苄基叠氮	133.15	无色液体	1.065	−65	185	不溶	∞	∞
4-丁基苯乙炔	158.24	无色液体	0.906	−10	70~71	溶	易溶	易溶

【实验内容】

在 50 mL 圆底烧瓶中加入苄基叠氮 1.46 g（11 mmol），4-丁基苯乙炔 1.58 g（10 mmol）和 20 mL N,N-二甲基甲酰胺，搅拌使原料完全溶解后加入 $CuSO_4 \cdot 5H_2O$ 0.3 g（1 mmol）和抗坏血酸钠 0.24 g（1.2 mmol），改为回流反应装置，搅拌并加热至 90 ℃反应，TLC 检测反应进程，约 2 h 后，原料消耗完毕，停止加热，将反应体系冷却至室温。另取一个 200 mL 的烧杯，加入约 150 mL 蒸馏水，将上述反应液加至烧杯中，边加边搅拌，至有白色固体析出[1]，抽滤即得粗产品 1-苄基-4-(4-丁基)-1H-1,2,3-三唑。

【操作要点及注意事项】

[1] 如无固体析出，可考虑使用 50 mL 二氯甲烷进行萃取两次，将萃取液进行脱溶，即得粗产品。

【思考题】

1. 有哪些含有 1,2,3-三氮唑结构的药物？请举出一个例子。

2. 该反应使用 N,N-二甲基甲酰胺作为溶剂，反应完毕后将反应液加至水溶液的目的是什么？

3. 炔和叠氮化合物的 1,3-二极环化反应的条件有很多种，请查阅文献，写出一个使用其他溶解和催化剂的反应条件，并注明参考文献。

实验三十四　2,2-二苯丁二酸的光催化合成及表征

【安全须知】

二氧化碳钢瓶须远离热源，使用前须严格检查以防漏气，实验中保持环境通风良好，避免气体泄漏造成危险。

【实验目的】

1. 掌握光催化反应的原理和操作方法。
2. 了解光敏剂的分类及常用的光敏剂。
3. 了解琥珀酸衍生物的制备方法及性质。

【实验原理】

琥珀酸（succinic acid）是一种常见的天然有机酸，广泛存在于人体、动物、植物和微生物中。琥珀酸作为三羧酸循环的中间产物之一，在生物的代谢中占有非常重要的地位。此外，在食品和药品、绿色溶剂和可生物降解塑料以及刺激动物和植物生长调节的化学成分的工业合成中也具有广泛的应用。

可见光氧化还原催化由于其独特的活化模式和对绿色环保的重要意义，近年来引起科学界的广泛关注。光化学体系通过吸收光子能量，将光能转化为化学能，能够在温和条件下形成高活性中间体，在促进惰性化学键和小分子活化领域具有重要应用前景。随着可见光化学的发展，可见光介导的烯烃双羧基化反应受到了广泛关注。

近年来，一种通过光氧化还原催化以甲酸盐和 CO_2 作为协同 C1 源的烯烃双羧基化的新方案获得了广泛关注。使用三乙烯二胺（DABCO）作为氢原子转移试剂，在碳酸铯（Cs_2CO_3）作为碱和 CO_2 气体氛围下，以较高产率获得琥珀酸衍生物。

本实验采用光化学条件下由烯烃制备琥珀酸化合物，具体反应如下：

$$\underset{Ph}{\overset{Ph}{>}}\!\!=\!\!CH_2 + CO_2 + HCOONa \xrightarrow[\text{DMSO, 50 ℃, 450 nm LED}]{\text{4CzIPN, DABCO, Cs}_2\text{CO}_3} \underset{Ph}{\overset{Ph}{>}}\!\!\underset{CO_2H}{\overset{CO_2H}{<}}$$

【实验准备】

仪器：锥形瓶，反应管，旋转蒸发瓶，分液漏斗，30 W 蓝色 LED 灯（波长为 450 nm 左右），恒温电热套，旋转蒸发仪，循环水式真空泵。

药品：1,1-二苯乙烯，甲酸钠，三乙烯二胺，碳酸铯，4CzIPN，二甲基亚砜，无水硫酸钠，饱和氯化钠溶液，1 mol·L^{-1} 盐酸，CO_2 气体，乙酸乙酯，石油醚，二氯甲烷，pH 试纸。

【实验内容】

1. 2,2-二苯丁二酸的合成

向干燥的 10 mL 反应管中加入 3.2 mg 4CzIPN，6.7 mg 三乙烯二胺，40.8 mg 甲酸钠

和 162.9 mg 碳酸铯。将反应管密封后连接到连有 CO_2 钢瓶的双排管上，并在双排管上抽充 CO_2 3 次以上[1]。向充有 CO_2 的反应管中加入 36.0 μL 1,1-二苯乙烯和 2 mL 二甲基亚砜。将装有反应液的反应管置于距 30 W 蓝色 LED 灯（波长为 450 nm 左右）1～2 cm 处，在 50 ℃下搅拌反应 12 h。反应完毕，用 3 mL 1 mol·L^{-1} 盐酸淬灭反应[2]，并用 5 mL 乙酸乙酯萃取。乙酸乙酯萃取液用无水硫酸钠干燥，在旋转蒸发仪中浓缩旋干[3]，残余物通过快速柱层析纯化，纯化条件为：石油醚：乙酸乙酯＝10：1，洗脱后，旋转蒸发得到 2,2-二苯丁二酸，进一步烘干，称量并计算产率。

2. 2,2-二苯丁二酸的表征

取 5 mg 左右产物放入核磁管，加入 1.5 mL 左右 CD_3OD，盖好核磁管帽，使用 400 MHz 核磁共振谱仪测试获得核磁共振谱图并进行解析以确证其结构。

【操作要点及注意事项】

[1] 本实验需严格注意无水无氧操作，反应管应干燥并使用封口膜密封，操作前检查反应管是否漏气。

[2] 当盐酸溶液加入反应管后，会产生大量的气泡，注意分批少量加入，以防气泡产生过多引起溶液外溢，可使用 pH 试纸监测溶液 pH，pH 试纸显红色即可。

[3] 旋转蒸发后得到的纯产物应为白色固体，如未变成白色固体，可加入二氯甲烷溶解，再加入大量的石油醚，此时会有大量白色沉淀物析出。

【思考题】

1. 后处理使用盐酸调节 pH 的目的是什么？除盐酸外，是否可以用其他酸替代？

2. 该反应为什么需要严格注意无水无氧操作？

3. 请查阅文献资料了解光敏剂的分类及常见的光敏剂。

实验三十五　设计性实验

设计性实验，有别于传统的固定教学套路，即"教师提供具体的实验方案和实验步骤，学生仅仅当操作工"，是学生需要围绕着实验任务，依次完成从查阅文献，分析讨论文献，到设计并论证实验方案、组织并实施实验方案、讨论实验结果等完整的科研思维训练过程。在这一过程中，任何一个环节的失误或不足都会影响整个实验结果。因此，设计性实验对学生的理论知识和实验技能都提出了更高的要求，设计性实验要求学生对预习环节应给予足够的重视，对前期开展的实验应做到心中有数，熟悉有机合成实验反应的主要反应条件，自己能画出实验装置图和实验流程图。学生通过检索文献、制定方案、条件探索及优化、结果分析、报告撰写等环节的锻炼，初步建立了科研思路，有利于培养学生的创新意识和创新精神、提高学生分析问题和解决问题的能力和团队沟通、协作能力。

设计性实验应包含文献检索，文献综述，设计实验方案，实验操作和实验报告等五部分。

1. 查阅文献

查阅文献可以了解前人工作和相关研究最新进展，学生可在图书馆查阅纸质手册、词典、期刊或在网上图书馆查询数据库等资源。查阅文献的方法可参阅本书第二章有机化学实验相关文献查阅方法简介。一般查近 10 年的文献即可，所查第一手文献资料应注意妥当保存，并将主要文献列于实验报告后。

2. 文献综述

对所查的文献应及时阅读并整理，要学会总结研究进展状况，为自己设计路线提供思路。

3. 设计并制定实验方案

设计实验方案要求：方案必须切合实际，具有可操作性；尽量选择原料易得，反应条件温和，催化剂价廉，后处理方便，收率高及环境友好的方案。

制定实验实施方案要注意：列出所需药品名称，实验仪器，检测设备；画出实验装置图；按照设计的投料比，计算各原料投料量；制定出可行的实验步骤，在实验步骤中应注明如何投料，控制温度，判断反应终点，如何拿到纯产品，产品纯度如何确定等。

4. 实施操作

根据已设计好的实验方案，进入实验室，进行实验操作。操作时要特别注意有毒试剂的取用等安全注意事项，以免出现问题。

5. 书写实验报告

总结实验结果，写出实验报告，并将文献标注至报告后面。

（一）设计分离苯甲酸、苯酚、环己醇

【实验目的】

1. 初步了解进行科学研究的基本过程，提高应用知识和技能进行综合分析、解决实际问题的能力。

2. 掌握分离有机混合物的基本思路和方法。

【实验原理】

利用有机物物理、化学性质上的差异进行分离。

【实验任务】

1. 查阅资料，了解环己醇、苯酚、苯甲酸的性质差别，并找出几种可能的分离醇、酚、芳香酸的具体方法。

2. 分析各种方法的优缺点，作出自己的选择。

3. 结合实验室条件，设计完成三组分混合物（环己醇，苯酚，苯甲酸）的分离。

【实验要求】

1. 学生应根据文献调研，写出分离 25 g 混合物的设计方案。在方案中要列出所需试剂及相关物理常数，设计操作步骤（包括分析可能存在的安全问题，并提出相应的解决策略），列出使用的仪器设备，提出各产物的检测方法。

2. 设计方案经讨论通过后，学生应预先向指导教师提出实验申请，并确定实验时间。

3. 学生应完成实验的具体操作，对分离所得各物质进行分析测试，做好实验记录，教师签字确认。

4. 实验报告应于实验完毕后书写，内容应包括实验目的和要求所要完成的各项任务，对实验现象进行讨论，整理分析实验数据，给出结论，确认分离所得产物是否符合要求，并计算各组分含量及混合物的总回收率。

（二）设计分离苯甲醛、丙酮、乙醛

利用羰基化合物苯甲醛、丙酮、乙醛在性质上的差异对 25 mL 的混合物组分进行分离，实验要求和实验任务同（一）。

（三）甲基红的合成设计

甲基红又名甲烷红，甲烷红有光泽的紫色结晶或红棕色粉末，其溶液是常用的酸碱指示剂之一，变色范围为 pH 4.4～6.2，颜色由红变黄。其也用于原生动物活体染色。因此设计合成甲基红具有重要的意义。

【实验目的】

1. 初步了解进行科学研究的基本过程，提高应用知识和技能进行综合分析、解决实际问题的能力。

2. 掌握合成实验设计的基本思路和方法。

【实验原理】

利用邻氨基苯甲酸为反应初始原料，合成甲基红。

【实验任务】

1. 查阅资料，了解以邻氨基苯甲酸为反应初始原料合成甲基红的可能路线。

2. 从反应时间、原料的选择、反应收率和反应装置等方面分析各种方法的优缺点，选择出最优的路线。

【实验要求】

1. 学生应根据文献调研，写出以 3 g 邻氨基苯甲酸为原料的合成甲基红的实验方案。

2. 其余要求同（一）。

（四）冬青油的合成工艺设计

冬青油是精油的一种，主要由冬青树的叶经蒸馏而得，产于加拿大和我国云南等地。主要成分为水杨酸甲酯，含量高达 99% 以上，可用于医药及调和皂用香精和牙膏香精。蒸馏甜桦的树皮而得的甜桦油，成分基本上与冬青油一致，在商品中常混称"天然冬青油"。此外，合成的纯水杨酸甲酯也常称为"冬青油"。水杨酸甲酯可由水杨酸和甲醇在硫酸存在下发生酯化反应制得。该反应为可逆平衡反应，因此设计讨论各因素对收率的影响，并确定其最优反应条件具有重要的意义。本实验，学生可从催化剂、回流时间、水杨酸和甲醇的反应摩尔比等因素出发，讨论各因素的改变对反应收率的影响，并将影响结果以影响因素-收率曲线图来表示，各变量在图上应以有 3~5 个值为宜。设计前需查阅相关合成工艺设计文献，对各变量之间的关系要设计合理，对实验结果要进行讨论分析，得出最佳反应条件。实验中苯甲酸的用量保持每次固定为 0.5 g。其余要求同（一）。

第六章
有机化合物的性质实验

【实验目的】

1. 熟悉各类有机化合物的性质。
2. 掌握各类有机化合物的鉴别反应。

【实验内容】

一、烃的性质

饱和烃的化学性质比较稳定，一般条件下，不易和强酸、强碱、氧化剂等作用，但在加热、光照、催化剂存在条件下可和卤素发生取代反应。因不饱和烃分子中含有较不稳定的双键和三键，易和强酸、卤素、氧化剂等发生加成、聚合或氧化反应，具有端基三键结构的炔烃，还能和某些金属元素形成金属炔化物。芳烃具有芳香性，苯环易发生取代反应。

1. 烃和溴的反应[1]

样品：环己烯、正己烷、苯

分别取上述样品各 1 mL，置于干燥试管中，逐滴加入 8～10 滴溴-四氯化碳溶液，并轻轻振荡，如样品为不饱和烃，则溴的颜色很快就褪去。如样品为饱和烃或芳烃，则溴的颜色不褪。此时可以用塞子将不褪色的试管塞紧，置于日光或紫外灯下照射数分钟，则溴的颜色慢慢褪去，这时用蘸有浓氨水的玻璃棒伸入管内（注意：玻璃棒不可接触液面），若有白色烟雾生成，证明样品为饱和烃，若无白色烟雾，则为芳烃。

2. 高锰酸钾实验

样品：环己烯、正己烷、苯

分别取上述样品各 1 mL，逐滴加入 1%高锰酸钾溶液（约 7～8 滴），并轻轻振荡混合，片刻后若高锰酸钾的颜色很快褪去，并有棕色沉淀（二氧化锰）生成，则样品为不饱和烃（也有可能含有还原性基团）。若样品为饱和烃或苯，则紫色不褪。

3. 与硫酸作用[2]

样品：环己烯、正己烷、苯

分别取上述样品各 1 mL，加入等体积的浓硫酸，小心振荡 1～2 min。如样品为不饱和烃，则硫酸层颜色变深或呈树脂状；如样品为饱和烃或苯，酸层则不会发生颜色变化。

4. 硝化反应

样品：苯

取 9 滴样品，慢慢滴加浓硝酸及硫酸各 0.5 mL，边加边振荡，加完后在热水浴中（约 50～60 ℃）加热 2～3 min，将反应液慢慢倾入 10 mL 水中。若样品为芳烃则有黄色油状液沉于底部。

二、醇的性质

醇的化学性质主要表现在羟基上，羟基能与酸作用生成酯，与氢卤酸或卤化磷作用生成卤代烃。羟基的活性与其直接相连的碳原子类型密切相关。例如，羟基卤代的活性顺序是：叔醇＞仲醇＞伯醇，而氧化反应的活性则表现为伯醇和仲醇较易，而叔醇较难。此外，醇分子中羟基数目的不同，也会导致性质上的差异。例如，邻二醇能使氢氧化铜沉淀溶解，其他醇则不能。

1. 活性氢实验[3]

样品：无水乙醇、正丁醇

用干燥的试管盛 0.5 mL 样品，加一小粒新鲜的金属钠，观察现象，反应完毕加 2 mL 水，使用 pH 试纸检查溶液的碱性。

2. 酯化反应

样品：异戊醇

在干燥的试管中依次加入 4～5 滴样品，3～4 滴冰醋酸及 1 mL 浓硫酸，混合均匀，加热并冷却，加水 3～4 mL，轻轻振摇，试管口有令人愉快的香气。

3. 硝酸铈实验[4]

样品：正丁醇、仲丁醇、甘油

取 2～3 滴样品，加水 10 滴，再加入硝酸铈试剂 2～3 滴，振荡后可产生亮黄色至红色反应，即表明有醇羟基存在。

4. 卢卡斯（Lucas）反应[5]

样品：正丁醇、仲丁醇、叔丁醇

取 3 滴样品于干燥的试管中，加 1 mL 卢卡斯试剂，用塞子塞紧瓶口，室温下振荡后，立即混浊者为叔醇，放置一段时间后缓慢出现浑浊现象的为仲醇，久置后无明显现象，加热后出现浑浊的为伯醇。

5. 氧化反应

样品：正丁醇、仲丁醇、叔丁醇

在三支试管中各加 1 mL 0.05％高锰酸钾溶液，分别加入 3 滴样品，前两者现象较为明显。

6. 多元醇与氢氧化铜的作用

样品：甘油、乙二醇、乙醇

取 2 滴 5％氢氧化钠溶液置于试管中，加入 1 滴 5％硫酸铜溶液，产生氢氧化铜蓝色沉淀，在振荡下加入 4 滴样品，如沉淀溶解而生成蓝色溶液者，为邻位二元醇类化合物。

三、酚的性质

在酚类化合物的结构中,酚羟基直接与苯环相连,受苯环的影响而显弱酸性,当苯环上连有其他电负性较大的原子或基团时,则酚羟基的酸性加强,如三硝基酚即显强酸性。此外,酚羟基也能使苯环活化,酚的卤代、硝化和磺化反应都比苯容易。酚也能进行亚硝化,酚易氧化,与三氯化铁显色,常利用这些性质鉴定酚类。

1. 溴水实验[6]

样品:饱和苯酚溶液、1%间苯二酚溶液

取2滴样品,加入1 mL水及饱和溴水5滴,溶液显浑浊或有白色沉淀析出的为饱和苯酚溶液。

2. 三氯化铁实验

样品:饱和苯酚溶液、1%间苯二酚溶液、1%水杨酸溶液

取样品5滴及1 mL水加1滴1%的三氯化铁溶液,则溶液显紫色或蓝色。

3. 利伯曼(Liebermann)试验[7]

样品:苯酚

取一小粒亚硝酸钠结晶置于干燥试管中,加1 mL浓硫酸振荡,再加1滴液态酚,振荡混合后,反应液呈深绿色(亚硝酸钠过量时呈紫蓝色),静置几分钟后,将绿色反应液倾入5 mL冰水中,水溶液呈红色,取出少许溶液,用20%氢氧化钠溶液碱化,溶液又变为绿色或蓝色,再酸化又显红,此反应可用于鉴别酚类或亚硝基化合物。

4. 酚的弱酸性实验

样品:苯酚

取两支试管,各加液态酚2滴,再向一支试管中加15滴10%碳酸钠溶液,另一试管中加15滴10%碳酸氢钠溶液,振荡后观察现象。其中加碳酸钠溶液的试管澄清。在澄清的试管中,再加几滴浓盐酸又浑浊。

四、醛和酮的性质

醛和酮分子中都含有羰基,因而有相似的性质,如羰基上的加成反应。由于羰基上所连的基团不同,使醛和酮又具有不同的性质。如醛能被弱氧化剂,如托伦试剂或斐林试剂氧化,使希夫试剂显色,发生聚合反应等,而酮则不能发生类似反应。因此,利用这些性质可以区分它们。

1. 2,4-二硝基苯肼实验

样品:丙酮、甲醛、乙醛、苯甲醛

取0.5 mL 2,4-二硝基苯肼试剂,加入2滴样品,振荡,析出橙黄色或橙红色结晶沉淀(如无沉淀析出,可静置或微热后观察现象)。

2. 碘仿反应

样品:甲醛、乙醛、丙酮、乙醇、正丁醇、仲丁醇

取样品 3 滴，加 10% 碘液 7 滴，再逐渐滴加 10% 氢氧化钠溶液至棕色刚消失为止，振荡后，样品中含 CH_3CO- 或 $CH_3-CHOH-$ 结构者，则慢慢析出黄色沉淀。如出现白色乳状液或无沉淀析出，可将试管放到 50～60 ℃ 的水浴中，温热几分钟，或再滴 1～2 滴碘液，即有沉淀析出。

3. 醛的特殊性质

（1）斐林（Fehling）反应[8]

样品：甲醛、乙醛、苯甲醛、丙酮

取斐林试剂甲和斐林试剂乙各 5 滴，混合后，加入 4 滴样品，把试管放在水浴中加热几分钟，若样品为脂肪醛则产生红色氧化亚酮沉淀。芳醛和酮均无此反应。

（2）银镜反应[9]

样品：甲醛、乙醛、苯甲醛、丙酮

在清洁的试管中，加入 5 滴 2% 硝酸银溶液，1 滴 5% 氢氧化钠溶液，然后一边振摇试管，一边滴加 2% 氨水，直到析出的硝酸银沉淀恰好溶解为止，再加入 3 滴样品，振荡混合均匀，把试管放入 50～60 ℃ 的水浴中，加热 2～3 min，如在管壁中析出银镜，则样品为醛。

（3）希夫（Schiff）反应[10]

样品：丙酮、甲醛、乙醛、苯甲醛

取样品 2 滴，加水 1 mL，再滴加 1～2 滴希夫试剂（品红醛试剂），若样品为醛，则溶液显紫红色，酮无此反应。在显色的试管中，加 5 滴 10% 的硫酸，振荡后放置，甲醛不褪色，其他醛的试管中，颜色慢慢褪去。

五、羧酸及羧酸衍生物的性质

羧酸的酸性比碳酸强，而较盐酸、硫酸弱。一般羧酸不易被氧化，但甲酸、草酸、α-羟基酸、α-羰基酸都易被氧化。羧酸可生成酰氯、酸酐、酯、酰胺等羧酸衍生物。羧酸及衍生物通常可利用异羟肟酸铁盐反应来检查。羧酸衍生物可发生水解、醇解及氨解等反应，一般来说其活泼性由强到弱依次是：酰卤、酸酐、酯、酰胺。

1. 酸性

样品：苯甲酸

在试管中加入少量的苯甲酸（黄豆大小），加水 10 滴，振荡，观察苯甲酸是否溶解。然后一边振荡，一边滴加 5% 氢氧化钠溶液 6～8 滴，沉淀溶解。在此澄清的溶液中加入 3 mol/L 硫酸呈酸性，又有沉淀析出。

2. 羧酸的氧化

样品：甲酸、乙酸

在试管中各加 6 滴 0.1% 的高锰酸钾溶液，然后向其中一支试管中加 3 滴甲酸，另一管加入 3 滴乙酸，充分振荡后，甲酸被氧化而使高锰酸钾逐渐褪色，乙酸不被氧化。

3. 异羟肟酸铁盐试验[11]

样品：冰醋酸、苯甲酸、苯甲酰氯、乙酸酐、乙酸乙酯、乙酰胺在干燥的试管中加入少量（50 mg 或 2～3 滴）样品，加 6 滴氯化亚砜，置水浴中煮沸约 1～2 min。加入 5 滴正丁醇，再煮沸约 1 min，将试管冷却，加入 5 滴水，以分解过量的氯化亚砜。然后加 5 滴 1 mol/L 盐酸羟胺溶液，加 5 mol/L 氢氧化钾的 80% 乙醇溶液，使混合物显碱性，加热至沸，冷却，用 6 mol/L 盐酸酸化。滴加 10% 三氯化铁试液，如溶液显紫红色或红色，表明发生了反应。

4. 乙酰乙酸乙酯的互变异构

样品：2% 乙酰乙酸乙酯溶液

在试管中加入 5 滴乙酰乙酸乙酯溶液，再加入 1 滴 1% 三氯化铁溶液，溶液呈紫色，加饱和溴水 1 滴，紫色消失，稍后又重复出现紫色。

六、胺的性质

胺类是碱性化合物，当氨基直接与苯环相连时，由于基团相互影响的结果，芳香胺的碱性比脂肪胺弱，也较易被氧化，苯环也更易发生取代反应。伯、仲、叔胺由于氮原子上所连烃基的数目不同，而在性质上也有差异，利用他们与亚硝酸及苯磺酰氯等反应来加以区别。

1. 溴化反应

样品：苯胺饱和水溶液

取样品约 1 mL，滴加饱和溴水，溶液立即浑浊，并有白色沉淀析出。

2. 氧化反应

样品：苯胺饱和水溶液

取样品约 1 mL，滴加 2 滴饱和重铬酸钾溶液和 0.5 mL 1.5 mol/L 硫酸，振荡混合，溶液先显暗绿色，继而显深蓝色，最后显黑色。

3. 与亚硝酸盐作用

样品：苯胺、N-甲基苯胺、N,N-二甲基苯胺

取 2 滴样品，6 滴浓盐酸及冰块一小粒置于试管中，立即慢慢滴加 5～6 滴 5% 亚硝酸钠溶液，振荡。如样品为芳伯胺，则生成淡黄色氯化重氮苯溶液（无固体产生），此溶液再滴加 1～2 滴 β-萘酚-氢氧化钠溶液，则析出橙红色偶氮化合物沉淀；如样品为仲胺，则加入亚硝酸钠后显浑浊状，且逐渐析出黄绿色油状物或固体；而芳叔胺则在加亚硝酸钠后形成深黄色固体或溶液，该溶液经稀碱液碱化后，转变为绿色固体。

4. 2,4-二硝基氯苯试验

样品：苯胺、N-甲基苯胺、N,N-二甲基苯胺、正丁胺

将 1 滴样品滴于滤纸上，再滴加 1 滴 2% 2,4-二硝基氯苯的醚溶液，醚挥发后生成黄色或棕色斑迹，即表示发生反应。

5. 胺的碱性实验

样品：苯胺

在 0.5 mL 水中加 1 滴苯胺，振摇并观察现象，再加 1～2 滴浓盐酸，振摇后观察结果。

6. 磺酰化反应（兴斯堡反应）

样品：苯胺、N-甲基苯胺、N,N-二甲基苯胺

取 3 支试管，分别加入 2 滴苯胺、2 滴 N-甲基苯胺、2 滴 N,N-二甲基苯胺，然后各加 6 滴苯磺酰氯，振荡混合，塞住管口，小心加热，微沸片刻，稍冷，滴加约 1 mL 水，则苯胺和 N-甲基苯胺生成苯磺酰胺固体，而 N,N-二甲基苯胺不发生反应，仍呈油状液体析出。继续向生成固体的前两支试管加 1.5 mL 10％的 NaOH 溶液继续观察现象，并解释之。

七、糖的性质

1. α-萘酚试验（莫氏实验）

样品：5％蔗糖溶液、5％葡萄糖溶液、5％淀粉悬浮液

在一试管中加入 0.5 mL 样品，加 2 滴 10％ α-萘酚酒精溶液，振荡混合均匀，斜持试管，沿管壁滴加约 0.5 mL 浓硫酸，使浓硫酸沉到底部（注意，不要振摇试管）。如果样品是糖类，则在浓硫酸和水层交界处形成紫色环。

2. 糖的还原性

样品：5％蔗糖溶液、5％果糖溶液、5％葡萄糖溶液、5％麦芽糖溶液、5％淀粉悬浮液

在试管中加入 1 mL 斐林试剂，加热至微沸，然后趁热滴加 5～6 滴样品溶液。若样品为还原糖，则溶液中渐渐析出红色氧化亚铜沉淀，如样品为非还原糖，则无红色沉淀生成。

3. 成脎反应[12]

样品：5％蔗糖溶液、5％果糖溶液、5％麦芽糖溶液、5％淀粉悬浮液

取样品 1 mL，加约 0.5～1 mL 新配制的苯肼试剂及 2～3 滴饱和亚硫酸氢钠溶液（避免发生氧化反应），振荡混合后，置沸水浴中加热，时而取出振荡，以免形成脎的过饱和溶液，记录下析出结晶的快慢顺序。当有结晶形成后，即将试管从水浴取出，静置，冷却，慢慢析出晶体（不要振荡，以便形成完整晶形）。取各管中结晶少许，分别在显微镜下观察晶形（若加热 3～4 min 后，仍无结晶析出，可将试管取出，自然冷却）。

4. 西里瓦诺夫（Seliwanoff）反应

样品：5％蔗糖溶液、5％果糖溶液、5％麦芽糖溶液、5％葡萄糖溶液

试管中盛 0.5 mL 的样品，加约 1 mL 西里瓦诺夫试剂，混合后，把试管放在沸水浴中加热 2～3 min，果糖和蔗糖的溶液很快就变成鲜红色，长久加热，则变浑浊，并析出红色沉淀。而醛糖溶液在相同条件下略呈黄色或浅玫瑰色，一般无沉淀生成。

5. 二糖与多糖的水解

样品：5％蔗糖溶液、5％淀粉悬浮液

取 2 支试管，一支试管加 0.5 mL 蔗糖溶液，另一支盛 0.5 mL 淀粉溶液，各加 3 mol/L 盐酸 5 滴，置于沸水浴中，加热约 20 min，将试管取出冷却，用 10％氢氧化钠中和。将中和后的溶液进行斐林试验，都有红色氧化亚铜沉淀生成。

【操作要点及注意事项】

[1] 在日光或紫外线催化下，烷烃中的氢易被溴取代，使试剂的颜色消失，并有气体放出。因溴化氢不溶于四氯化碳，在空气中遇到氨气后即生成溴化铵形成明显的白雾，所以本反应需要用干燥试管，同时不能用溴水作试剂。

［2］烯烃与浓硫酸加成生成硫酸氢酯，也能在酸催化下聚合成树脂状物，而溶于浓硫酸。

［3］此方法鉴定 $C_3 \sim C_8$ 的醇最适宜，无水低级醇不易制备，吸入的微量水与钠也可以发生作用，但由于醇能继续与钠作用，生成胶状的醇钠，故借此可以识别出来。高级醇与钠作用太缓慢，较难识别。

［4］大多数能溶于水的醇羟基化合物，遇硝酸铈试剂，产生亮黄色至红色的铬离子，通常用来检验十个碳原子以下的伯、仲、叔醇。氨基酸一般无颜色反应而产生氢氧化铈沉淀。噻吩以及易氧化的化合物遇硝酸铈试剂后，也能产生各种颜色，故对本实验有干扰。

［5］6 个碳原子以下的各类醇均能溶于卢卡斯试剂，但仲醇和叔醇作用后，能生成不溶于试剂的氯代烃类，因而溶液显浑浊。多于 6 个碳原子以上的醇，则不溶于此试剂，不能用此法检验。而 1～2 个碳原子的醇，由于产物的挥发性，此法也不适合。若需进一步鉴别仲、叔醇，可用浓盐酸为试剂，叔醇与浓盐酸作用，反应液 10 min 内变浑浊，而仲醇仍为澄清。

［6］间苯二酚的溴化物，在水中溶解度较大，常见溶液褪色，而无沉淀生成，需加较多溴水才能产生沉淀。在饱和苯酚中加入过量的溴水，白色的三溴苯酚可能转化为黄色难溶的四溴化物。

［7］凡是对位无取代的酚类均能与亚硝酸发生此反应。

［8］反应结果决定于还原剂（RCHO）浓度的大小及加热时间的长短，可能析出氧化亚铜（红色），氢氧化亚铜（黄色）或铜（黑红色），因此有时在反应液中会出现绿色黄色或红色沉淀。

［9］托伦试剂在配制过程中，不能加入过量的氨水，否则会降低其灵敏度。此试剂必须临时配置，因久置后会析出具有高度爆炸性的黑色氮化银沉淀，做实验时不适宜用直火加热，以免产生爆炸性的雷酸银。

［10］希夫试剂应密闭贮存于暗冷处，若受热、见光或露置空气中过久，试剂中的二氧化硫易失去而又显红色，此时可再通二氧化硫，至颜色消失后供用。

［11］羧酸衍生物如酰卤、酸酐、酯、酰胺都显正性结果。酸酐、酯、酰胺可以直接与羟胺在碱性液中作用生成异羟肟酸，酰卤需与醇作用生成酯后，再与羟胺作用生成异羟肟酸。加三氯化铁试液均为正性反应。

［12］还原糖与苯肼试剂都能生成难溶于水的糖脎晶体。由于各种糖生成脎的速度和脎的晶形不同，故可利用此反应来鉴别糖类。本试验中，果糖脎生成最快，葡萄糖脎次之，麦芽糖脎和乳糖脎因在热水中较易溶解而不易析出，故需取出静置冷却，葡萄糖和果糖生成脎的结构相同，故晶形相同。

附录

常用有机溶剂的精制

1. 甲醇（methyl alcohol）

一般甲醇纯度在 95.5%，其中可能含有少量的杂质如水和丙酮。由于甲醇与水不能形成共沸混合物，故无水甲醇可以通过高效分馏柱分馏得到。若制备绝对甲醇，可用镁处理（见绝对乙醇的制备）。

2. 丙酮（acetone）

市售丙酮往往含有甲醇、乙醛、水等杂质，利用简单的蒸馏方法，不能把丙酮和这些杂质分离开。含有上述杂质的丙酮不能作为某些反应的原料，需经过处理后才能使用，处理方法有如下几种：

（1）于 100 mL 丙酮中加入 0.5 g 高锰酸钾进行回流，若高锰酸钾的紫色很快褪掉，需再加入少量高锰酸钾继续回流，直到紫色不再褪时，停止回流。将丙酮蒸出。于丙酮中加入无水碳酸钾进行干燥，1 h 后，将丙酮滤入蒸馏烧瓶中蒸馏，收集 55～56.5 ℃的馏出液。

（2）于 100 mL 丙酮中加入 4 mL 硝酸银溶液及 3.5 mL 0.1 mol/L 的氢氧化钠溶液，振荡 10 min，然后再于其中加入无水硫酸钙进行干燥，1 h 后，将丙酮滤入蒸馏烧瓶中蒸馏，收集 55～56.5 ℃的馏出液。

3. 氯仿（chloroform）

普通氯仿中含有 1%乙醇，乙醇是作为稳定剂而加的。制备干燥氯仿有以下几种方法：

（1）用相当于氯仿体积 50%的水洗涤 5～6 次，然后用无水氯化钙干燥 24 h，进行蒸馏。纯品应放置在暗处，以免受光分解形成光气（注意：氯仿不能用金属钠干燥，否则会发生爆炸）。

（2）与浓硫酸一起振荡，用水洗，用无水氯化钙或碳酸钾干燥，蒸馏。

（3）将 500 mL 氯仿流经 25 g 活性氧化铝柱子，也可以得到无乙醇的氯仿。

4. 苯（benzene）

普通苯可能含有少量甲基噻吩，为除去少量该杂质，可用相当于苯体积 15%的浓硫酸洗涤数次，直至酸层呈无色或浅黄色，然后再分别用水、10%碳酸钠水溶液和水洗涤，用无水氯化钙干燥过夜，过滤后进行分馏，收集纯品。

5. 甲苯（toluene）

用无水氯化钙将甲苯进行干燥，过滤后加入少量金属钠片，再进行蒸馏即得无水甲苯。普通甲苯可能含有少量噻吩。为除甲基噻吩，可向 1000 mL 甲苯中加入 100 mL 浓硫酸，振荡约 30 min（温度不要超过 30 ℃）除去酸层，然后再分别用水、10%碳酸钠水溶液和水洗涤，用无水氯化钙干燥过夜，过滤后进行蒸馏，收集纯品。

6. 乙酸乙酯 (ethyl acetate)

市售乙酸乙酯通常含有微量水、乙醇和醋酸，用 5％碳酸钠水溶液洗涤，再用饱和氯化钙或无水硫酸镁进行干燥，过滤后进行蒸馏，收集纯品。

7. 吡啶 (pyridine)

用颗粒状氢氧化钾干燥过夜，然后进行蒸馏，即得无水吡啶，吡啶容易吸水，蒸馏时要注意防潮。

8. 四氢呋喃 (tetrahydrofuran，THF)

四氢呋喃含水之后，可能含有过氧化物，检验方法是将四氢呋喃加入等体积 2％碘化钾溶液和淀粉溶液中，再加入几滴酸摇匀，呈蓝色或紫色，证明有过氧化物。一般加入硫酸亚铁溶液（6 mL 浓硫酸用 100 mL 水稀释，加入 60 g 硫酸亚铁）和 100 mL 水充分摇匀，分出四氢呋喃。

无水四氢呋喃可用氢化锂铝在隔绝潮气下回流（一般 1000 mL 用 2～4 g 氢化锂铝），直至在处理过的四氢呋喃中加入钠丝和二苯酮出现深蓝色的二苯酮钠，且加热回流蓝色不褪为止。在氮气保护下蒸出，备用。

9. N,N-二甲基甲酰胺 (N,N-dimethylformamide，DMF)

市售 N,N-二甲基甲酰胺含量不低于 95％，主要杂质为胺、氨、甲醛和水。纯化时先用无水硫酸镁干燥 24 h，再加固体氢氧化钾振摇干燥，蒸馏。也可以将 250 g 二甲基甲酰胺、30 mL 苯和 12 mL 水一起进行分馏，先将苯、水、胺和氨蒸馏除去，然后减压蒸馏得到纯品。若含水量较低时（小于 0.05％），可用 4 Å 分子筛干燥 12 h 以上再蒸馏。

10. 二甲基亚砜 (N,N-dimethyl sulfoxide，DMSO)

用氢氧化钠、氧化钡、氧化钙、硫酸钙、4 Å 或 5 Å 分子筛去水后，减压蒸馏。在要求不高时，可在二甲基亚砜中放些活性氧化铝、氧化钡或氢氧化钠，放置过夜或更长时间，取上层液体使用。

11. 二氯甲烷 (dichloromethane)

用浓硫酸洗至酸层无色，然后水洗、5％碳酸钠溶液、再水洗，经氯化钙干燥后蒸馏。

12. 饱和亚硫酸氢钠溶液的配制

在 100 mL 40％亚硫酸氢钠溶液中，加入 25 mL 不含醛的无水乙醇。混合后，如有少量亚硫酸氢钠结晶析出，必须滤去，或倾泻上层清液，此溶液不稳定，容易被氧化和分解。因此不能保存很久。

13. 四氯化碳 (carbon tetrachloride)

四氯化碳经过分馏，除去前馏分水-四氯化碳共沸物即可满足一般要求。搅拌含有体积比 10％浓氢氧化钾酒精溶液的热四氯化碳，可除去所含的二硫化碳，水洗涤几次后，用氯化钙干燥，再用五氧化二磷干燥后蒸馏。

14. 石油醚 (petroleumether)

石油醚是相对分子量较低的烃类混合物，常用的沸程有 30～60 ℃，60～90 ℃，90～120 ℃等规格，其主要成分为戊烷、己烷和庚烷，此外还含有少量不饱和烃和芳烃。除去杂质方法为：在分液漏斗中加入其体积 10％的浓硫酸振荡 2～3 次，用 10％的硫酸配置的饱和高锰酸钾溶液洗涤，直至水层中紫色不消失。再依次用水、10％碳酸钠溶液和水洗涤，经无水氯化钙干燥后蒸馏。若要制备绝对干燥的石油醚可压入钠丝,放置 24 h 以后使用。

15. 环己烷（cyclohexane）

将工业规格环己烷加浓硫酸及少量硝酸钾放置数小时后分去硫酸层,再用水洗,重蒸馏。如需要绝对无水,则再加金属钠丝脱水干燥。

16. 斐林（Fehling）试剂

Fehling 试剂 A:溶解 3.5 g 五水合硫酸铜晶体于 100 mL 水中,如浑浊则过滤保留清液。

Fehling 试剂 B:溶解酒石酸钾钠晶体于 15～20 mL 的热水中,加入 20 mL 20％的氢氧化钠溶液,稀释至 100 mL。将上述两种溶液分别储存,使用时才取用等体积的两种溶液。

17. 希夫（Schiff）试剂

常见的配置方法有以下两种:

(1) 溶解 0.5 g 对品红盐酸盐于 100 mL 热水中,冷却后通入二氧化硫达饱和,至粉红色消失,加入 0.5 g 活性炭,振荡、过滤,再用蒸馏水稀释到 500 mL。

(2) 将 0.2 g 品红盐酸盐溶解于 100 mL 热水中,冷却后加入 2 g 亚硫酸氢钠和 2 mL 浓盐酸,最后用蒸馏水稀释至 200 mL。品红溶液原系粉红色,被二氧化硫饱和后变成无色的 Schiff 试剂。醛类与 Schiff 试剂作用后反应液呈紫红色。酮类通常不与 Schiff 试剂作用,但某些酮类（如丙酮等）能与二氧化硫作用,当它与 Schiff 试剂接触后能使试剂脱去亚硫酸,此时反应液会出现品红的粉红色。

18. 卢卡斯（Lucas）试剂

将 34 g 熔化过的无水氯化锌溶解于 23 mL 浓盐酸中,搅拌,冷却,防止氯化氢逸出,得约 35 mL 溶液,放冷后,存于玻璃瓶中,塞紧。

19. 托伦（Tollen）试剂

Tollen 试剂通常是由氨水加入硝酸银溶液中而得。需要特别注意的是要防止加入过量的氨水,否则将生成雷爆银（主要成分为氮化银）。该物质受热后将引起爆炸,Tollen 试剂本身还将失去灵敏性。Tollen 试剂配置方法如下:

将 25 mL 5％硝酸银置于一干净试管内,加入 1 滴 10％氢氧化钠溶液,滴加 2％的氨水,直至沉淀恰好溶解为止。（注意:Tollen 试剂久置后将析出黑色的氮化银沉淀,易分解,振摇过猛则易引起爆炸,因此该试剂必须现用现配。）

20. 本尼迪克特（Benedict）试剂

在 400 mL 烧杯中溶解 20 g 柠檬酸钠和 11.5 g 无水碳酸钠于 100 mL 热水中。在不断搅拌下,把含 2 g 硫酸铜结晶的 20 mL 水溶液慢慢地加到此柠檬酸钠和碳酸钠溶液中。此混合液应十分澄清,如不澄清,需要进行过滤至澄清为止。

参考书目

[1] 帕维亚 D L，兰普曼 G M，小克里兹 G S. 现代有机化学实验技术导论 ［M］. 丁新腾，译. 北京：科学出版社，1985.

[2] 胡春. 有机化学实验. 2 版 ［M］. 北京：中国医药科技出版社，2014.

[3] 匡华. 综合化学实验 ［M］. 成都：西南交通大学出版社，2008.

[4] 林玉萍，万屏南. 有机化学实验 ［M］. 武汉：华中科技大学出版社，2020.

[5] 王宁，李兆楼. 有机化学实验 ［M］. 北京：化学工业出版社，2012.

[6] 尤庆祥. 药物有机化学实验教程 ［M］. 成都：成都科技大学出版社，1998.

[7] 颜朝国. 大学化学实验：综合与探索性实验 ［M］. 南京：南京大学出版社，2006.